经典建筑理论丛书

［美］罗伯特·文丘里　著　周卜颐　译

建筑的复杂性与矛盾性

知识产权出版社　中国水利水电出版社
全国百佳图书出版单位

U0271509

内容提要

本书是文丘里很有影响的一部建筑理论著作。作者认为，建筑具有不足性，出色的建筑作品必然是矛盾的和复杂的，而不是非此即彼的纯净的或简单的，意义的丰盛胜于简明，甚至杂乱而有活力胜于明显的统一。密斯有一句名言"少就是多"，文丘里却认为"多并不是少"。

全书观点清晰，论证有力，并配以精美插图，值得建筑专业的工作者和业余爱好者阅读欣赏。

选题策划：阳　淼　张宝林
责任编辑：段红梅　张　冰

图书在版编目（CIP）数据

建筑的复杂性与矛盾性/（美）文丘里（Venturi，R.）著；周卜颐译，—北京：知识产权出版社：中国水利水电出版社，2011.8（2017.3 重印）
（经典建筑理论丛书）
ISBN 978-7-5130-0755-9

Ⅰ.①建… Ⅱ.①文… ②周… Ⅲ.①建筑学 Ⅳ.①TU-0

中国版本图书馆 CIP 数据核字（2011）第 159194 号

经典建筑理论丛书

建筑的复杂性与矛盾性

［美］罗伯特·文丘里　著　周卜颐　译

出版发行：知识产权出版社　中国水利水电出版社

社　　址：北京市海淀区马甸南村 1 号　　　　邮　　编：100088
网　　址：http：//www.ipph.cn　　　　　　　邮　　箱：bjb@cnipr.com
发行电话：010-82000860 转 8101/8102　　　传　　真：010-82005070/82000893
编辑电话：010-82000860 转 8024　　　　　　责编邮箱：zhangbing@cnipr.com
印　　刷：北京科信印刷有限公司　　　　　　经　　销：新华书店及相关销售网点
开　　本：889mm×1194mm　1/16　　　　　　印　　张：8.5
版　　次：2006 年 1 月第 1 版　　　　　　　　印　　次：2017 年 3 月第 7 次印刷
字　　数：234 千字　　　　　　　　　　　　　定　　价：40.00 元
ISBN 978-7-5130-0755-9/TU·075（3654）
京权图字：01-2003-1843

献给我的母亲和父亲！

致 谢

    本书的大部分是在格雷姆美术高等研究基金会 (Graham Foundation for Advanced Studies in the Fine Arts) 的资助下于 1962 年写成的。我还要感谢罗马美国学院 (American Academy in Rome)的奖学金，使我能在意大利生活了 10 年。

    感谢下列人员的大力帮助：文森特·斯库利 (Vincent Scully) 在我真正需要的时刻给予了决定性的赏识和评议；玛丽安·斯库利 (Marian Scully) 以她的技能、耐心和理解使本书的行文更有条理；菲利普·芬克尔珀尔 (Philip Finkelpearl) 多年来一直与我进行交流；丹尼丝·斯科特·布朗 (Denise Scott Brown) 与我分享有关建筑和城市规划的见解；罗伯特·斯特恩 (Robert Stern) 对书中的辩述作了具体的润色；纽约现代艺术馆(The Museum of Modern Art)职员亨利·奥特曼夫人 (Mrs. Henry Ottmann) 和埃伦·马什小姐 (Miss Ellen Marsh) 共同为本书收集了图片。

罗伯特·文丘里

目 录

前　言

　　这本出色的研究著作是有关现代建筑理论背景的一系列应时论文的首册。与纽约现代艺术馆出版的其他建筑与设计类的书籍不同，这一系列著作与现代艺术馆的展览计划无关。它要阐明的概念过于复杂，很难用展览的方式予以表明，而作者也不代表单一的专业集团。

　　文丘里的这本书由纽约现代艺术馆和格雷姆美术高等研究基金会共同出版。因为作者当初是在格雷姆美术高等研究基金会的资助下才得以写作的，因此本书作为该系列著作的首册出版是非常合适的。

　　文丘里的书像他的建筑一样，反对不少人认为是已成体制的，或至少是已经确立的意见。他以异常坦率的语言提出他对真实情况的看法：建筑师时常纠缠于模棱两可、有时很令人讨厌的"事实"中，而文丘里却要寻求这一混乱的局面作为他的建筑设计基础。这一与众不同的观点得到了耶鲁大学文森特·斯库利的竭力支持，他在序言中把抽象地以先入之见看待建筑法则所受的挫折与文丘里对现实的喜欢——特别是对大多数建筑师设法压制或隐瞒的那些难以对付的事的喜欢——作了鲜明的对比。文丘里的建议很快就能得到检验：它们无需等待立法手续或技术上的验证。他设法取代的建筑问题还远远没有得到解决，不管我们是否同意他的结论，我们还是呼请准予他一次申辩的机会。

建筑与设计部主任
阿瑟·德雷克斯勒
(Arthur Drexler)

序　言

这不是一本容易读懂的书，读懂它要有专业知识和细致的观察力，它不是为那些一有触犯就鼓出眼睛的建筑师写的。事实上，本书的论述就像眼前的窗帘一样徐徐升起，一点一点地、论点一个接一个地逐渐显现出本书论述的整体。这一整体是崭新的——很难看清，也很难写清，只有新的东西才会如此不雅致和不连贯。

这是一本极为美国化的著作，它严谨地采用了多元论和现象学的方法；它使人想起德莱塞(Theodore Dreiser, 1871～1945年，美国小说家——译者注)艰苦地踩出的道路。然而它可能是1923年勒·柯布西耶(Le Corbusier)写了《走向新建筑》(Vers une Architecture)一书以来有关建筑发展的最重要的著作。显然，初看起来，文丘里所处的地位似乎正好与柯布西耶的地位完全相反，一整段时期两者互为补充。❶这不是说在见解或成就方面，文丘里与柯布西耶相等——或必然如此。没有人能再次达到那种水平了。柯布西耶的建筑经验本身确实与文丘里的思想形成没有多大关系。然而文丘里的观点事实上的确是对柯布西耶的观点的补充，柯布西耶在其早期著作中提及自己的观点并于此后普遍影响了两代建筑师。柯布西耶的著作要求建筑、单栋建筑物和整个城市中要体现纯粹主义。文丘里的著作欢迎城市经验中各方面的矛盾与复杂。这标志着重点的完全转移，并使现在声称追随柯布西耶的人感到沮丧，正像柯布西耶当时激怒了属于巴黎的布扎艺术(Beaux-Arts)派一样。因此，事实上两书确实是互相补充的；在某个基本方面上，两者几乎相同。两书的作者都是真正从过去的建筑中学到东西的建筑师。当代的建筑师几乎做不到这点，相反，他们都想躲在只能被称为历史宣传的各种体系中。而柯布西耶和文丘里的经验是亲身和直接的。因而他俩都能不受固定思想模式和同时代人风尚的影响，得以实现加缪(Albert Camus, 1913～1960年，法国小说家、散文家、剧作家，1957年诺贝尔文学奖获得者——译者注)的训诫，暂时把"我们的时代及其青少年的怒火"搁在身后。

他俩从各不相同的事物中学到许多东西。柯布西耶的伟大导师是优美环境中亭亭玉立、阳光下金光灿烂的希腊神庙。在早期争论中，他就是那样要求他的建筑和他的城市的，他成熟的建筑本身越来越多地体现希腊神庙的具雕刻感的英雄风格。而文丘里的早先灵感似乎来自希腊神庙的历史原型的对立面，即不断适应室内外反要求和随着日常生活的一切事务变化的意大利城市面貌：并非原来广阔景观中雕刻般的演员，而是复杂的空间容器以及街道和广场的划分体。这种"适应性"已成为文丘里的普遍城市原理。在这点上他又与柯布西耶有相似之处。就两人都是造诣很深的视觉、造型艺术家而论，两人对单栋建筑的密切关注，带来了对一般城市化的形象化和象征性的一种新态度——不是许多规划师所作的方案性或二维空间的图解视图而是整套确实可靠的形象——全尺度的建筑形象。

此外，柯布西耶与文丘里两人塑造的形象在这一方面是截然相反的。柯布西耶运用他多方面的才华，以笛卡尔(René Descartes, 法国哲学家——译者注)的严谨的治学态度，在《走向新建筑》一书中作了总结(比文丘里在此所作的总结容易得多)，为总体作出了一个清晰而全面的方案。而文丘里则更为片断。他通过更为妥协的关系，一步一步向前移动。他的结论之所以普遍全面，仅不过来自含蓄。然而，对我来说，他的倡议似乎是在承

---

❶ 这里，我没有忘记1950年布鲁诺·泽维(Bruno Zevi)写的《走向有机建筑》(Towards an Organic Architecture)一书，该书显然是对柯布西耶所著的《走向新建筑》一书所作的回答。但是，谁都不认为它是后者的补充或比后者还先进，因为它不过是反对后者而赞成"有机"原理。这些原理除泽维本人外早为建筑师们提出，并早已度过它们的活力顶峰期。这在1914年前弗兰克·劳埃德·赖特(Frank Lloyd Wright)的作品中已得到充分的体现，并于同一时期，在他的著作中得到了言语上最清楚的论述。

认复杂性和尊重实际存在的同时，为当代都市更新产生剧变的纯粹主义提出了最有必要的解救办法，这种产生剧变的纯粹主义已使当前不少城市濒临灾难的边缘，柯布西耶的设想在其中实现了极大的通俗化。它们是适用于所有人的英雄的梦想——就好像阿基里斯想当皇帝一样[阿基里斯(Achilles)，希神，出生后被其母亲倒提着在冥河水中浸过，除未浸到水的脚踵外，浑身刀枪不入。故有阿基里斯之踵的掌故，意思是像阿基里斯般壮健勇敢，唯一致命弱点是他的脚踵。喻为唯一弱点——译者注]这就是有人认为文丘里坚决反对英雄风格，处处以含蓄而嘲弄的口吻强制般地证实他的倡议的原因。柯布西耶也运用讽刺语言，但他的讽刺像带钢牙的笑脸一样明显，而文丘里则无奈地耸耸肩然后继续前进。这是当今一代对经实践证明具有破坏性或夸张的铺张矫饰的回答。

像所有具有创见的建筑师一样，文丘里使我们重新认识了过去。例如，我曾一度专注于赖特前期板房风格(Shingle Style)的连续性问题，他使我重新估计它们同样明显的对立面：那些建筑师本人必定早已沉迷其中的室内外复杂的互相迁就调节问题。他甚至一再提到柯布西耶早期平面中的妥协调节原理。因此，所有具有创见的建筑师能起死回生是理所当然的。难怪柯布西耶和文丘里在对米开朗基罗作品中宏伟的创作和复杂的造诣问题上意见特别一致。文丘里并不如柯布西耶那般注意有关米开朗基罗的理念在圣彼得教堂(St. Peter's)的设计上得到体现的看法。但与柯布西耶一样，他懂得，像老人友谊公寓(Friends' Housing for the Aged)的窗户布置那样，能以其他方面建造：悲痛而极不协调的后殿，临终文化的阴沉悲壮的乐章和正在冷却中的星球上人类的命运。

在那个意义上说，尽管文丘里自己嘲弄地否认，他仍是少数几个作品在风格上似乎接近弗兰克·弗内斯、路易斯·沙利文、赖特和路易斯·康(Frank Furness, Louis Sullivan, Wrignt and Louis Kahn) 等的具有悲剧性传统境界的作品的美国建筑师之一。他所以如此，说明生活于一地的数代人有力量发展意味深长的强度；这大都在费城实现：从弗内斯至年轻的沙利文，接着从威尔逊·艾尔(Wilson Eyre) 至乔治·豪(George Howe) 再至路易斯·康。康是文丘里最亲密的导师，也是几乎所有前10年的美国年轻建筑师和教育家，如朱尔戈拉、摩尔、乌里兰和米勒德 (Giurgola, Moore, Vreeland and Millard) 等的导师。在交流对话中荷兰的阿尔多·范艾克 (Aldo van Eyck) 也起着重要的作用，对文丘里的发展肯定也作出了很大贡献。康的一套"惯常"原理是所有这些建筑师的基本功，但文丘里避开了康在结构上先入为主的成见——赞成更灵活的功能引导方法 [与阿尔瓦·阿尔托 (Alvar Aalto) 的更为接近]。文丘里的设计和他的著作不同，一经开展，毫无拘束，其敏捷流畅程度一如巴洛克建筑师。在同一意义上说如同绘制舞台布景一样奔放自如。(他的罗斯福纪念碑设计可能是最好的，但却肯定是最富创造性的方案，其庄严宏伟的格调，充分说明了他绘制舞台布景透视图的才能。)在他身上没有康那种艰苦奋斗的痕迹，也没有结构与功能两个极端互争表现的极度痛苦。他完全自如地对待一切细节，这样就必然遭到充斥未来世界的技术均匀论者的反对。这里决不是和柯布西耶甚至是密斯争吵，尽管后者的形式普遍整齐匀称。许多高质量的东西都能共存于同一个世界中。这种多样性当然是现代人类最有希望的前途所在。其性质的内在价值远比初级阶段所建议并为肤浅的设计人员抱住不放所作出的表面一致或同样任意的包装要宝贵得多。

根本在于文丘里的理论与设计是人文主义的，这是他的著作与杰弗里·斯科特 (Geoffrey Scott) 1914年的基本作品《人文主义建筑学》(The Architecture of Humanism) 的相似之处。所以它比其他任何事物都更重视人的活动和物质形式对人的精神的作用。在这方面，文丘里是具有伟大传统的意大利建筑师——他与这一传统的接触来自他在普林斯顿大学有关艺术史的学习和在罗马美国学院作为研究员的经历。但是，他设计的老人友谊公寓说明他是思想与波普画家相仿的极少数的建筑师之一——并且可能是认识形式的用途与意义的第一位建筑师。在过去数年内，他从波普画家那里学到不少东西——尽管本书的主要论点早在他认识他们作品的20世纪50年代末就定稿了。然而他的"主要街道几乎什么都好"，正是他们的观点，一如他生来就知道小房子的规模会起变化和个别地聚焦大众文化的普通人工制品就能找到未曾预料的生活一样。这里柯布西耶"纯粹主义"中的"波普文化"与年轻的莱热诗中的"波普文化"一样（莱热，Alexis Saint-Léger，法国外交家及诗人，1960年诺贝尔文学奖获得者——译者注），不应被忘记，并由于规模激增和重点聚焦的教训再次被认识而具有更新的历史意义。人们再次感到像柯布西耶这样的画家和理论家定会充分理解文丘里把形象化文法与理性意图相结合的原因的。

在这方面很有意义的是，文丘里的设想曾引起学院派思想较深的包豪斯一代的最辛酸的忿恨——完全无力反唇相讥，老处女般蔑视大众文化，但又不了解任何其他文化，对纪念性规模束手无策，口头上支持技术，却带着极为刻板的纯粹派的美学偏见。20世纪20年代包豪斯设计的大部分建筑和家具完全可以通过上述这些特征与当时柯布西耶的更为丰富而多样的形式区分开来。现代建筑在此似乎分为两条脉络，一条是柯布西耶和文丘里面向更大范围更人情化的建筑师道路，另一条是一般设计师的道路。

文丘里在俄亥俄州北坎顿市设计的市政厅说明他的建筑与沙利文后期的作品也有联系，故总的看来，也与美国本土体验的尚未发挥作用的最深影响力有关。这显然是文丘里对美国的最大成就，他再次打开我们的眼界，使我们看到美国事物的本质——小城镇与纽约市差不多——他从我们普通的、紊乱的、大批生产的社会组织中创建了一种实实在在的建筑；他创造了一种艺术。这样，他就复兴了前布扎艺术、前国际风格时期的通俗的传统以及逐一列举的方法论，从而完成了康早已考虑成熟的与我们整个过去重新衔接的工作。

难怪当前一批房产经营者没有一个能容忍文丘里。他们也来自农村，具有美国性格，曾把鼻子贴在糖果店的窗户上，也曾第一次大肆挥霍。所以他们总是买些建筑企业大军制作的现成旧货和花哨的次品。这些商人自命不凡地提供了一种欺骗性的简单以及死亡的法则，即典型的时髦包装。对这些人来说，文丘里既太复杂又太平常。他们对待建筑形式就像对待社会事业一样，更喜欢掩盖现实中苛刻的方面。所以，正是因为认识并运用存在的社会现象，文丘里是最不讲风格的建筑师。他总是开门见山，工作快捷，既不故弄玄虚，也不装腔作势。虽然他学过手法主义建筑，但他设计的房屋却惊人地直截了当，毫无扭捏作态的感觉。毕竟，一座安放在老人友谊公寓顶上尺度合适的电视天线，确实充实了——既不好也不坏但却是事实——我们老年人的生活。无论文丘里在这里体现的是什么样的价值，只要有关事实，他从不对我们说谎。用最直爽的话说，只有功能和功能引导出来的有力形式才使他感兴趣。不像这一代多不胜数的建筑师，他决不是一个赶时髦的人。

文丘里的建筑没有很快地获得大众的接受，并不奇怪。它们既太新，尽管"适应"复杂，但对富裕的一代又实在过于简单和谦逊了。它们绝不无中生有，也不热衷于华而不实的姿态或迎合时髦。它们是对任务和形象化条件作了深入系统分析的产物，因而需要我们对一切思维作严格的调整。所以需要准备才能看到的象征性形象尚未形成。本书在这方面是会有帮助的。我相信在我们这个基础教科书籍很少的时代，本书将得到重视——尽管本书不加掩饰地反对传统观点，并把眼光从香榭丽舍大道转向主要街道，仍不免挑起自20世纪20年代开始的根本对话，因而再次把我们与现代建筑的英雄一代联系起来了。

文森特·斯库利

第二版按语

我们无法把形式与意义分开；二者之中，哪一个都不能独立存在。对形式向观察者传递意义采用的主要方式可以作出不同的评价：如19世纪形式通过移情作用体现意义；语言学家认为形式通过识别符号来传达意义。两种方式都证明了在人脑活动过程中运行的相关媒介是记忆：移情作用和符号的识别都是学习的反应，即特有文化经验的结果。认识和获得外界现实意义的这两种模式是相辅相成的，都在塑造和洞察一切艺术作品时从不同程度上起作用。

就这一意义说，建筑的创造和体验像每一种艺术的创造和体验一样，总是批判的历史行为，它牵涉到建筑师与观察者通过自身与生活及事物的关系学会怎样去识别和想象的问题。所以我们与艺术接触的力度和价值将取决于我们历史知识的质量。显然，这里应采用"知识"而不是"学问"这一字眼。

文丘里的两部主要著作完全是按照上述纲要撰写的。二者都是批判的、历史的。本书是第一部，尽管它有意义地介绍了几种文字评论建筑著作的重要模式，但是它主要论述了形式的物质反应，基本上采用了移情的方法。第二部名为《向拉斯维加斯❶学习》[Learning from Las Vegas，与丹尼丝·斯科特·布朗和史蒂文·艾泽努尔(Steven Izenour) 合著]，主要论述人类艺术中有关符号的功能，所以基本上采用的是语言学的方法。两部著作之间经常争论的是无懈可击的形象问题，为当代建筑师塑造了一种令人佩服的实践美学观。

我应邀作原序已是多年前的事了，至今仍倍感荣幸。现在觉得原序写得不及原书（由玛丽安·斯库利审编），但不谦虚地说其结论却极为正确。我感到特别高兴的是有幸在原序中声称《建筑的复杂性与矛盾性》一书是"1923年柯布西耶撰写了自《走向新建筑》一书以来有关建筑发展的最重要的著作"。时间证明没有比这一令人恼火的声明更中肯坦率的了。当时对此极感兴趣或极为不满的评论家如今似乎在花很大的精力引用文丘里的观点而不说明出处，或责备他做得还很不够，有的还表明他们自己在很久以前就确实提出过。这都无关紧要，重要的是当时这部卓越而解放的著作的适时出版。它为建筑师和评论家们提供了更实际有效的武器，使得建筑对话的广度和关联形成日益扩大的局面，这大都是由它开创的。使人感到莫大兴趣的是新的而富于意味的建筑是受其方法的启发而产生的，而文丘里-洛奇建筑事务所 (Venturi and Rauch) 的建筑也惊人地没有保持其最显示智力的焦点光环、原始的形式和卓著的地位。纽约现代艺术馆支持出版本书，一如1932年它主办的展览会导致亨利·拉塞尔·希区柯克 (Henry Russel Hitchcock) 与约翰逊 (Johnson) 的"国际风格"那样，再次做了一件大事。

文森特·斯库利
1977年4月

---

❶ 拉斯维加斯(Las Vegas) 系美国洛杉矶东北内华达州一新兴游乐城市，它以夜总会、赌场、旅游称著，市内多为民间流行建筑。——译者注

自 序

本书既是建筑评论的一种尝试又是一种辩解——间接地对我的作品的解释。因为我是一名执业建筑师，所以我对建筑的设想，必然是评论伴随着实践的副产品。正如T.S.艾略特（T.S.Eliot）❶所说："极为重要的是……创造性工作本身。可能，事实上，调整、结合、建造、删减、修改、试验等大部分劳动都既是批判的也是创新的。我认为即使是训练有素又有技巧的作家在自己的作品中运用评论也极为重要，也是最高的一种评论……"1再者，我是作为一名建筑师用评论来写作，而不是作为一名评论家选择建筑来写作。本书阐述了一套特定的重点，作为认识建筑的方法，我认为是合理有效的。

在同一篇文章中，艾略特论述了分析与比较这两种进行文学评论的工具。这些评论方法也能应用于建筑领域。建筑与任何其他方面的经验一样是可以进行分析的，而比较可以使其更加生动。分析包括把建筑分成部件，即使这与艺术的最终目标——综合——相反，它仍是我经常使用的一种技巧。不管看来多么自相矛盾也不管许多现代建筑师的怀疑，这种分解却是所有创造活动中存在的过程而且对理解是至为重要的。自觉必然是创新和评论的一部分。今天的建筑师受教育过多以致既不能成为自学成才的艺术家，也不能完全天生成才，而建筑又是如此复杂，不能以小心保持无知的方法去对待。

作为一个建筑师，我设法不受习惯的引导而接受过去意识的引导——深思熟虑过的先例的引导。我选择的历史比较是与我关心的传统连续性有关的一部分。当艾略特写到传统时，他的意见同样涉及建筑，尽管由于技术改革使建筑方法产生了更多显著的变化。艾略特说：

"在英文著作中，我们很少提到传统。……除非是在指责的字句中，这个词也许很少出现。要不，就是在牵涉到关于某些合意的考古重建项目批准时，含糊地表示满意……然而如果传统流传的唯一形式，在于不费力气地盲目抄袭或因循固守前人成就，这种"传统"必须坚决被加以制止……传统有更广泛深刻的意义。它不是遗传、继承，要得到它必须付出许多的劳动。首先，它包含历史意识，我们认为这是25岁以上仍要继续当诗人所不可缺少的；而历史意识含有不仅是过去的过去而且还有过去这一概念；历史意识使人深入骨髓地写他自己的一代而且还写整个欧洲文学……与时间同步存在并构成与时间同步的法则的感触。这一历史意识是一种永恒的、暂时的，又集永恒与暂时于一体的意识，它使作者具有传统，同时又使作者最敏锐地意识到他的时代的地位及他自己的同时代性……任何哪一种诗人或哪一种艺术家都没有他自己单独的完满的意义。"2我同意艾略特的意见并反对现代建筑师们的成见，如阿尔多·范艾克所说的："唠唠叨叨地反复讲我们时代的不同的东西，以至到了使它们脱离什么是相同与什么是基本一致的程度"。3

下列风格反映了我对某些时代的偏爱：手法主义风格、巴洛克风格，尤其是洛可可风格。正像希区柯克所说："经常存在一种重新考察过去作品的真正需要。大概建筑师都普遍对建筑历史感兴趣，但是关于历史的概况或时期，在任何一定的时期内最值得密切关注的显然随变化着的情感而异"。4作为一个艺术家，我坦率地写了我在建筑中喜欢的东西：复杂性与矛盾性。从发现我们喜欢什么——极易吸引我们的东西——我们能学到许多真正需要的东西。康曾声称："事物想变成怎样"，但这句话暗含它相反的含义：建筑师想把事物变成怎样。在这两者的对立与平衡之间，存在建筑师的许多决定。

---

❶ 艾略特（1888～1965年），生于美国的英国诗人及评论家，1948年诺贝尔文学奖获得者。——译者注

在比较中包括某些既不漂亮也不伟大的建筑。它们被抽象地从历史背景中提取出来，因为我主要信赖特定建筑的固有特色而较少考虑风格观念。我是以建筑师而不是以学者的身份来写作的，我的历史观点是希区柯克说的："诚然，一度几乎所有古建筑研究都是为了帮助有名无实的重建工程——一种复兴主义的工具。现在不再是这样了，而且在我们这个时代已没有理由害怕会再度变成这样。20世纪初的建筑师与历史评论家，当他们不只是为了当时的论战到过去中寻找新鲜弹药时，教我们认识所有的建筑，就好像它们是不现实的、虚假的，虽然这种狭隘的眼光可能出于产生过去大部分伟大建筑的复杂情感。当我们今天再次检查——或发现——早期建筑生产的这个或那个问题时，并无重复其形式的企图，只不过希望提供更多的完全是当今产物的新情感。对纯粹的历史学家来说，这种情况可能令人遗憾，因为高度主观的因素被引进了他深信必须客观的研究中去了。然而，纯粹的历史学家最后通常会发现他自己正朝着早已被更为敏感的风标决定了的方向迈进。"[5]

我没有刻意地把建筑与其他事物联系起来。我没有试图"一方面促进科学与技术之间的联系，另一方面又促进人文学与社会科学之间的联系……并使建筑成为一种更为人性化的社会艺术"。[6]我试图谈论建筑而不是不得要领地谈论。约翰·萨默森（John Summerson）爵士说过，建筑师着迷的"不是建筑而是建筑与其他事物之间关系的重要性"。[7]他指出，20世纪的建筑师用"有害的类比"代替了19世纪的折衷模仿，并一直坚持要求建筑而不生产建筑。[8]其结果是图表式的设计。具有讽刺意味的是，建筑师在发展整个环境中不断衰退的能力和他日益增长的无能也许能够通过采用限制他的关心并让他专注于他的本职工作的方法加以逆转。也许到了那时，关系与能力会自己照顾自己了。我接受对我说来似乎是建

筑的固有局限的东西并试图倾全力解决其中困难的细节，而不是关于它的较易处理的抽象东西："……因为艺术（如古人所说）属于实践，而不是纯理论的智慧，在实际的工作中是没有替代品的。"[9]

本书论述的是今天，以及与今天有关的昨天。它不准备耽于不切实际的空想，除非将来就在今天的现实之中。它不过是间接的论战。书中讲的一切都是当前的建筑，因此冲击了某些目标——一般指正统现代建筑和城市规划的局限性，尤指陈词滥调式的建筑师，他们祈求完整、技术或电子程序编制，将其当作建筑的目的，如通俗化艺术家"把我们紊乱的现实画成神仙故事"[10]并压制艺术与实际生活中固有的复杂性与矛盾性。然而，我认为本书是对当前建筑的真实分析，而不是对谬误的讽刺与谩骂。

第二版按语

撰写本书是我在20世纪60年代初作为一名执业建筑师对当时建筑理论及其教条方面的问题所作的反应。现在的问题已经不同了，我认为本书今天可以作为建筑形式的一般理论书籍，还可以作为有关当时的特定资料以供阅读，因为它比专题更具历史性。为此，本书的第二部分载有的我们事务所至1966年为止的作品，在本书第二版中没有做更多的添加。

我现在但愿当初书名按唐纳德·德鲁·埃格伯特（Donald Drew Egbert）的建议改成了：《建筑形式的复杂性与矛盾性》(Complexity and Contradiction in Architectural Form)。但是，20世纪60年代初，形式在建筑思想王国中是国王，大多数建筑理论都毫无疑问地集中在形式方面。建筑师当时很少考虑建筑中的象征主义，60年代后半期社

会问题才开始占支配地位。但事后我们才认识到，这本关于建筑形式的书却成了几年后《向拉斯维加斯学习》一书聚焦于建筑中象征主义的补充。

为纠正本书第一版致谢中的遗漏，我要在此感谢理查德·克劳特海默（Richard Krautheimer），他与我们这些罗马美国学院的研究员一起分享有关罗马巴洛克建筑的见解。我还要感谢朋友文森特·斯库利始终不渝与友好地支持本书和我们的工作。我很高兴纽约现代艺术馆放大了本版的开本，因而使图例更为清晰可读了。

许多由著作引起的层层波澜，使人不禁感慨万千，也许这是所有理论家的命运吧！我感到有时与我的批评者相处要比与我的赞许者相处舒服得多。后者多半误用或夸大本书的观点与方法而成为拙劣的模仿。有人说，观点很好，但还不够。但在这里大部分的概念是启发性的而不是教条性的，历史类比方法也只能在建筑评论中采用。难道一位艺术家的言行必须与他或她的人生观完全一致么？

文丘里

1977 年 4 月

第一章 错综复杂的建筑：
一篇温和的宣言

我爱建筑的复杂和矛盾。我不爱杂乱无章、随心所欲、水平低劣的建筑，也不爱如画般过分讲究的繁琐或称为表现主义的建筑。相反，我说的这一复杂和矛盾的建筑是以包括艺术固有的经验在内的丰富而不定的现代经验为基础的。除建筑外，在任何领域中都承认复杂性与矛盾性的存在。如格德尔（Gödel）在数学中对极限不一致的证明，艾略特对"困难的"诗歌的分析和约瑟夫·亚尔勃斯（Joseph Albers）对绘画自相矛盾的性质的定义等。

建筑要满足维特鲁威所提出的实用、坚固、美观三大要素，就必然是复杂和矛盾的。今天，即使是一座在单一的环境中的单一房屋，其设计、结构、机械设备和建筑形式方面的要求也会出现各种以前难以想象的差异和冲突。在城市和区域规划中，不断扩大的建设范围和建筑规模，为其增加了难度。我欢迎这些问题并揭示其矛盾。我接受矛盾及复杂，目的是使建筑真实有效和充满活力。

建筑师再也不能被清教徒式的正统现代主义建筑的说教吓唬住了。我喜欢基本要素混杂而不要"纯粹"，折衷而不要"干净"，扭曲而不要"直率"，含糊而不要"分明"，既反常又无个性，既恼人又"有趣"，宁要平凡的也不要"造作的"，宁可迁就也不要排斥，宁可过多也不要简单，既要旧的也要创新，宁可不一致和不肯定也不要直接的和明确的。我主张杂乱而有活力胜过主张明显的统一。我同意不根据前提的推理并赞成二元论。

我认为意义的简明不如意义的丰富，功能既要含蓄也要明确。我喜欢"两者兼顾"超过"非此即彼"，我喜欢黑白的或者灰的而不喜欢非黑即白。一座出色的建筑应有多层含意和组合焦点：它的空间及其建筑要素会一箭双雕地既实用又有趣。

但复杂和矛盾的建筑对总体具有特别的责任：它的真正意义必须在总体中或有总体的含意。它必须体现兼容的困难的统一，而不是排斥其他的容易的统一，"多"并不是"少"。

第二章 复杂和矛盾 VS 简单化
或唯美化

正统的现代建筑师认识复杂不足，也不一致。在他们试图打破传统从头做起时，把原始而基本的东西理想化了，牺牲了多样而复杂的东西。作为改革运动的参与者，他们在承认新的现代功能的同时却忽视了它们的复杂性。作为改革者，他们极端拘谨地主张建筑要素的分离和排斥，而不主张各种不同要求的并存。因为将"以真理与世界作斗争"作为座右铭而成名的新建筑运动先驱赖特写道："视觉简朴，宽广深远，向我开放，这些建筑的协调似乎……足以改变和深化今日世界的思想和文化。我深信不疑。"[11]纯粹派的共同创始人柯布西耶赞扬"伟大的原始形式"，说它"鲜明……而不含糊"。[12]现代建筑师几乎无一例外，纷纷避开含糊。

但今天我们所处的形势不同了："问题成堆，数量增长，复杂度和难度增加，变化速度比过去还快。"[13]我们需要一种态度，就像奥古斯特·赫克舍（August Heckscher）所说的："从认为生活基本上简单而有秩序向生活复杂而出人意料的观点的转变，本来就是每一个人成长必经的过程。但在某些时期鼓励这一发展趋势，其中自相矛盾的或戏剧性的观点，歪曲了整个理性的背景。……在简单化和秩序中产生了理性主义，但理性主义到了激变的年代就会感到不足。于是在对抗中必然产生平衡。人们得到的这种内部的平静表现为矛盾与不定之间的对峙。……一种自相矛盾的感觉，似乎允许不相同的事物并存，它们真正的不一致才是事实的真相。"[14]

尽管理性主义赞成的简单化之风在当前比早期争论已稍有减弱，但是仍很盛行。它们是密斯·凡德罗（Mies van der Rohe）"少就是多"这一动人但又矛盾的理论的扩展。保罗·鲁道夫（Paul Rudolph）把密斯这一观点的含意清楚地解释为："人们永远解决不了世上所有的问题。……建筑师在决定想要解决什么问题时具有高度的选择性，这的确是20世纪的特点。例如，密斯之所以能设计诸多奇妙的建筑，就是因为他忽视了建筑的许多方面。如果他试图解决再多一点问题，就会使他的建筑变得软弱无力。"[15]

"少就是多"这一学说，对复杂不满而加以排斥，以达到它表现的目的。这样自然就允许建筑师"在决定想要解决什么问题时具有高度的选择性"。如果建筑师必须以他认识世界的特有方式承担义务，那么，这种义务就是建筑师必须决定如何去解决问题而不是决定想要解决什么问题。如果他排斥重要的问题，他就要冒建筑脱离生活经验和社会需要的风险。如果某些问题确实难以解决，他可以表现为：在一种兼容而不排斥的建筑中尚有余地作片断、矛盾、即兴活动 (improvisation) 以及它们所产生的对立。密斯优美的展览馆对建筑具有价值很高的含意，但它们选择的内容和表达所用的语言，虽强而有力，仍不免有其局限性。

我对展览馆与住宅之间，特别是日本的展览馆与新近的住宅建筑之间相似的联系提出疑问。它们忽视了住宅建筑内在的真正复杂性和矛盾性——空间技术的可能性以及对视觉体验多样性的需求。强求简单的结果是过分简单化。例如约翰逊设计的威利住宅 (Wiley House,图1) 与他的玻璃住宅 (Glass House,图2) 不同，他力图摆脱那座精美的玻璃凉亭的简单，把生活的"隐私功能"加以围护放在底座，而把开放的社交功能用模数制成凉亭搁在其上——功能区分十分清楚。但即使这样，这座住宅也不过是一个过于简单化了的居住项目的图解——一种非此即彼的抽象理论。简单不成反为简陋。大事简化的结果是产生了大批平淡的建筑。"少"使人厌烦。

承认建筑的复杂并不否定康所说的"追求简单的欲望"。但能深刻有力地满足人们心灵需求的简单的美，都来自内在的复杂性。多立克神庙的简单是通过它那著名的精美而准确的几何曲线与柱式内在的矛盾和对峙形成的。多立克神庙通过真正的复杂才形成明显的简单。当后期的神庙失去复杂性时，简单变成了平淡。

复杂并不否认有效的简化，有效的简化是分析事物过程的一部分，甚至是形成复杂建筑本身的一种方法。"我们从一定的利益出发，在描绘一定事物的特点时才加以简化。"[16]但这种

图1 约翰逊，威利住宅，新迦南

图2 约翰逊，玻璃住宅，新迦南

简化是在形成复杂艺术的分析过程中的一种方法，不能误为目的。

但是，复杂和矛盾的建筑并不意味着唯美或主观表现主义。近来有一种假复杂，反对现代建筑早期的假简单，从而出现一种匀称如画般的建筑——山崎实 (Minoru Yamasaki) 称之为"宁静"的建筑，但它代表一种与以前崇尚简单一样脱离生活经验的新形式主义。它那复杂的形式并不真正反映复杂的设计要求。它那繁琐的装饰虽用工业技术制作，却像原来手工技术制作的枯燥无味的古老形式。哥特式的花格窗、洛可可式的花饰，不但形式上与总体结合得很好，而且出自值得炫耀的手艺和表现来自直接而独特的方法的活力。这种通过今天也许已不可能的充沛活力实现的复杂，不管与"宁静"建筑在表面上如何相似，却仍是它的对立面。但是如果我们的艺术的特色不是充沛活力，那么它应是对立而不是看来好像的"宁静"。

20 世纪最出色的建筑师通常都反对简单化——通过精减实现的简化——是为了促进总体中的复杂性。阿尔托和柯布西耶 (他经常不顾他有争议的著作) 的作品是很好的例子。但他们的作品中的复杂和矛盾的特点大都被忽视或误解了。例如阿尔托的评论者都喜欢他使用天然材料的敏感性和他设计的精美细部，并且都觉得他的整个构图是故意追求美观。我并不认为阿尔托的伊马特拉 (Imatra) 附近的教堂美丽如画。由于体量中三分平面和声学吊顶样式的真正复杂性的重复 (图 3)，这座教堂代表一种恰如其分的表现主义，与以危险的结构与空间故意追求形象的乔瓦尼·米凯卢奇 (Giovanni Michelucci) 在意大利 Autostrada (图 4)❶新建的教堂不同，阿尔托的复杂是整个设计要求和结构的组成部分，并非仅是为了表现欲望的手段。虽然我们不再争论形式与功能的先后问题 (谁服从谁?)，但不能忽视它们相互依赖的关系。

图 3　阿尔托，Vuoksenniska 教堂，伊马特拉附近

---

❶　写下这些字句以后，我曾造访乔瓦尼·米凯卢奇在 Autostrada 的教堂，现在我意识到它是一座极端美观和给人以深刻印象的建筑。因此我很懊悔曾经反感地作了此番比较。

对复杂的建筑及其相随的矛盾的欲望，不仅是对当前建筑的平庸或浮华的一种反抗。这是手法主义风格时期(16世纪的意大利或古典艺术的古希腊时期)的一种常态，还不断在诸多建筑师身上演绎，如米开朗基罗、帕拉第奥、普罗密尼、范布勒、霍克斯莫尔、索恩、勒杜、巴特菲尔德 (Michelangelo, Palladio, Borromini, Vanbrugh, Hawksmoor, Soane, Ledoux, Butterfield)、某些板房风格的建筑师、弗内斯、沙利文、吕特延 (Lutyen)，以及近代的柯布西耶、阿尔托、康等等。

今天，这种观念再次与建筑的方法和建筑的要求两者有关。

首先，如果要表现扩大了的建筑规模和复杂的建筑目标，必须重新检验建筑方法。简化的或表面上复杂的形式很难奏效。相反，必须再次承认并发展视觉不定性中内在的多样性。

其次，必须承认功能问题不断增长的复杂性。我所指的当然是我们时代特有的、由规模而引起的复杂问题，例如研究实验室、医院，特别是城市范围的规划和区域规划等巨大工程。但即使像住宅这样规模简单的项目，如要表现现代生活的不定性，其目的也是很复杂的。实现一个计划的方法与目的之间的差别是很显著的。例如火箭的飞向月球计划，其方法极为复杂，但其目的却简单而无矛盾。虽然建筑的设计和结构在方法上和在技术上远比任何工程简单，也不复杂，但其目的则比较复杂，而且经常令人捉摸不定。

图4 米凯卢奇，Autostrada 的教堂，佛罗伦萨附近

19

第三章 建筑的不定性

建筑中复杂性与矛盾性的第二分类涉及形式与内容,把形式与内容看作建筑设计与结构的现象,首先是关于方法并指感觉和艺术的真正意义中所固有的矛盾,即意象和现象并存所产生的复杂性和矛盾性。亚尔勃斯把"物质事实与精神效果脱节"称为一种矛盾,认为它是"艺术的泉源"。无疑,意义的复杂及其引起的不定和对立,早已是绘画的特点,并在艺术评论中被普遍承认。抽象的表现主义承认感觉的不定性,而光效应艺术的基础则是有关形式和表现的多变的并列和不定的双重性。波普画画家也运用不定性来创作与通常见解对立的内容,并探索感觉的可能性。

在文学中,评论家也都愿意采用复杂与矛盾作为他们的手段。而在建筑评论中,他们指的是手法主义时期,但又不像大多数建筑评论家,他们也承认手法主义的体系不断在特殊的诗人中流行,当然,有的还长期强调矛盾、对立和不定是产生诗歌的手段的基础。亚尔勃斯的绘画就是如此。

艾略特称伊丽莎白时代的艺术是"一种不纯的艺术",[17] 其中有关复杂与不定的论述是这样开展的:"在莎士比亚的剧本中","你能获得多层意义"[18],引用塞缪尔·约翰逊 (Samuel Johnson) 的话说就是"其中最不纯的观念是与暴力结合在一起的。"[19]艾略特还曾写道:"像约翰·韦伯斯特 (John Webster,英剧作家——译者注) ……将是一位极伟大的文学和戏剧天才导致紊乱的一个有趣的实例。"[20]除了17世纪形而上学的诗人以及受他们影响的现代诗人以外,其他的评论家,如提出"多重解释"和"有意制造矛盾"的肯尼思·伯克 (Kenneth Burke) 以在其他诗歌的结构与意义中来分析矛盾与不定的因素。

克林思·布鲁克斯 (Cleanth Brooks) 为复杂性与矛盾性是艺术的最本质需要这一说法辩护:"然而还有比雄辩自负更好的理由劝诱一个接一个的诗人选择不定与矛盾而不选平淡而散漫的简单。用科学家的方法来分析诗人的经验是不够的。科学家是把整块分成小块,一块一块加以区别,再把小块分类。他

的任务最后是统一经验。他必须以他自身的经验回答人们所熟悉的统一经验。……如果诗人……必须把经验的一体戏剧化,甚至不惜歌颂其多样化,然后他运用矛盾和不定才被认为是必要的。他并不只是简单地试图以表面的激励或浮夸的词藻在旧材料库中添加香料。……他宁可给我们一种见识,它能保持经验的统一并在较高的和严格的层次上胜过明显矛盾和冲突的经验,把它们统一为一种新的模式。"[21]

在《不定性七种模式》(Seven Types of Ambiguity)一书中,威廉·燕卜荪 (William Empson) "敢于把(早)……已被认为是诗歌的缺陷的含意不精确作为诗歌的优点……"[22]燕卜荪通过莎士比亚的剧本证明自己的理论:"(他是)最高级的不定性专家,与其说他观念糊涂,文字不清,如某些学者所信,不如说完全出于他的思想与艺术的力量与复杂性"。[23]

在复杂和矛盾的建筑中不定和对立无处不在,建筑是形式又是实体——抽象的和具体的——其意义来自内部特点及其特定的背景。一个建筑要素可以被视作形式和结构及纹理和材料。这些来回摆动的关系,复杂而矛盾,是建筑手段所特有的不定和对立的泉源。用连接词加上一个问号,常能说明这种不定关系。萨伏伊别墅 (图5):是方形平面或不是?范布勒设计的 Grimsthorpe 城堡 (图6) 的前亭与后亭从远处看是模糊不清的:它们孰远孰近?孰大孰小?贝尔尼尼 (Bernini) 在罗马布教宫(Palazzo di Propaganda Fide)上的壁柱 (图7):它们是凸出的壁柱或凹进的墙面分隔?梵蒂冈Pio IV俱乐部(Casino di Pio IV,图8)的装饰性凹墙并不正常:它的墙面大呢?还是拱面大?勒琴斯 (Lutyens) 设计的 Nashdom 大厦 (图9) 立面正中下陷,有利于设置天窗:从而产生的二元问题解决了没有?路易吉·莫雷蒂 (Luigi Moretti) 在罗马Parioli区 (Via Parioli) 的公寓(图10):是一栋建筑分成两半还是两栋建筑相连?

特意设计出来的不定形式是以生活不定为基础在建筑要求中反映出来的。这就促使意义的丰富超过了意义的简明。如同燕卜荪所说,不定性有好有坏:"……(不定性)经常用来谴责

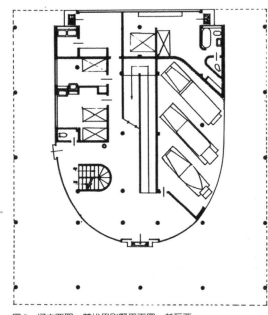

图5 柯布西耶,萨伏伊别墅平面图,普瓦西

20

图 6 范布勒，Grimsthorpe 城堡，林肯郡

图 8 利戈里奥，Pio IV 俱乐部，罗马梵蒂冈

图 7 贝尔尼尼，布教宫正立面立面图，罗马

图9 勒琴斯，Nashdom 大厦，Taplow

图10 莫雷蒂，公寓，罗马 Parioli 区

诗人的观点模糊而不赞扬他的思路复杂。"[24] 然而，按斯坦利·埃德加·海曼（Stanley dgar Hyman）所说，燕卜荪认为，不定性"凝聚着达到最富诗意的效果，并发现它产生一种他称为'对立'的品质，即我们所称的诗歌自身的冲突。"[25] 这些想法同样适用于建筑。

第四章　矛盾的层次：
建筑中"两者兼顾"的现象

建筑中的意义与实用这一矛盾层次，包括矛盾的对比，含有连接词"然而"的意思，它们或多或少是模糊不定的。柯布西耶设计的在艾哈迈达巴德（Ahmedabad）的夏德汉住宅（Shodhan House，图11）是封闭的然而又是开敞的—— 一个立方体，四角封闭，然而却任意敞开着；他设计的萨伏伊别墅（图12）外部简单然而内部复杂。巴灵顿院（Barrington Court，图13）的都铎式平面既是对称的然而又是非对称的；瓜里尼（Guarini）在都灵修建的圣母无原罪主教座堂（Church of the Immaculate Conception，图14）平面是二元性的，然而是个统一体；勒琴斯在米德尔顿公园住宅（Middleton Park，图15、图16）修建的入口门廊是一个有导向性的空间，然而轴线顶端却是一堵实墙；维尼奥拉（Vignola）在博马尔佐（Bomarzo）设计的某展馆（图17）立面有一门洞，然而它是个实心的门廊；康的建筑有粗混凝土的然而也有磨光花岗石的；城市街道作为道路是导向性的，然而作为广场是静止的。这一系列"然而"说明建筑在设计和结构的不同层次上都存在着矛盾。这些有规律的矛盾没有一个是追求美观的，但也不是自相矛盾、反复无常的。

布鲁克斯指出，多恩（Donne）的艺术为"两者兼顾"，但"现今，我们大都做不到。我们受非此即彼的传统教育，缺乏思想的灵活性——不必说观念的成熟性了——而这将允许我们在两者兼顾所许可的范围内尽情地作更细致的区别和更精密的保留。"[26] "非此即彼"的传统已成为正统现代建筑的特色：遮阳板不能兼作他用；承重同时又作围护墙者极少；墙上不能打洞开窗，要开窗就必须全部是玻璃；功能要求过于分明，不是连成几翼，就是分成数栋。甚至"流动空间"也意味着把室内当作室外，室外当作室内，而不是两者同时兼顾。这种简明区分的表达方式与"两者兼顾"而不是"非此即彼"的复杂和矛盾的建筑是格格不入的。

如果两者兼顾现象是产生矛盾的根源，那么，它的基础就是在不同价值的要素中产生多层意义的等级制。这种要素既好又坏，既大又小，既封闭又开敞，既连续又接合，既圆又方，

图11　柯布西耶，夏德汉住宅，艾哈迈达巴德

图12　柯布西耶，萨伏伊别墅，普瓦西

图13 巴灵顿院平面图，萨默塞特

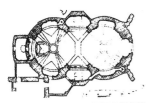

图14 瓜里尼，圣母无原罪主教座堂
平面图，都灵

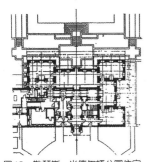

图15 勒琴斯，米德尔顿公园住宅
平面图，牛津郡

图16 勒琴斯，米德尔顿公园住宅，牛津郡

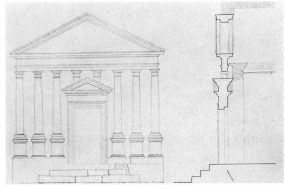

图17 维尼奥拉，展馆立面图，博马尔佐

既是结构性的又是空间性的。包含多层意义的建筑才会模棱两可，相互对立。

许多实例很难"理解"，但当它反映复杂和矛盾的内容和意义时，这座难解的建筑就是出色有效的。观察者能同时感觉到包含斗争和犹豫等多种意义时，他的感受能更加生动。

同时既好又坏的例子也许从一个方面能解释康的辩证的话："建筑必须要既有好空间又有坏空间。"这显然是说在总的合理方案中允许部分不合理，或为了总体，可以对局部特色作出让步。对这种必要的让步作出决定，仍是建筑师的一大职责。

霍克斯莫尔在伦敦修建的东圣乔治教堂（St. George-in-the-East, 图18）侧廊窗上过大的拱顶石从局部看是荒谬的：从它跨越的洞口近看，太大了。但是，远一点看，在整个构图的背景中，它们在大小和尺度上表现得恰到好处。米开朗基罗的圣彼得教堂（图19）后立面阁楼上的巨大矩形洞口宽比高大，因而必须要作长跨。这对跨度有限制的砖石建筑来说是反常的。这种限制一直要求古典建筑中这般大的洞口一定要垂直布置。但正因为谁都希望按垂直比例布置，这一长跨安排反而显得有效而生动地令人觉得相对的小了。

弗内斯设计的宾夕法尼亚美术学院（Pennsylvania Academy of Fine Arts, 图20）的主楼梯与周围环境相比显得过大。它登上比宽度窄的平台，并面向比宽度窄的门洞。而且，楼梯入口被一根柱子中分。但这座楼梯既隆重而有象征意义，又很实用。它安放在大厅入口处并与整栋建筑及外部大尺度的宽街（Broad Street）密切配合。米开朗基罗设计的劳伦蒂安图书馆（Laurentian Library, 图21）门厅中的楼梯朝外的1/3部分被突然切掉，致使导向不明：其大小与其空间关系同样有误，然而与其他整个空间背景的关系却很好。

范布勒修建的伯仑罕姆府邸（Blenheim Palace, 图22）的中央入口部分左右两端的边跨被一根壁柱分隔得很不正常：这一分段，产生了二元现象，减弱了它们的统一性。但正是这一缺陷，却因对比而突出了中央入口部分，增强了总体复杂构图

图18　霍克斯莫尔，东圣乔治教堂，伦敦

图20　弗内斯，宾夕法尼亚美术学院，费城

图19　米开朗基罗，圣彼得教堂的后立面，罗马

图21　米开朗基罗，劳伦蒂安图书馆平面图，佛罗伦萨

的统一。建在马尔利(Marly)的一座别墅旁的单层小亭（图23）具有相似的矛盾情况。两开间立面的二元构图缺乏统一，有了小亭却加强了整个建筑群的统一。它们本身的缺陷，意味着别墅自身的突出和总体的完整。

有单向空间的矩形教堂，与有全向空间的集中式教堂，代表西方教堂平面的另一种传统。但还有一种传统是折衷妥协的教堂，它们是两者兼顾以满足空间上、结构上、设计要求上与象征意义上的需求。16 世纪手法主义的椭圆形平面既是集中式的又是导向式的。达到巅峰的要算贝尔尼尼的圣安德烈亚教堂(Sant'Andrea al Quirinale，图24)，它的主导轴线竟相反地落在短轴上。尼古劳斯·佩夫斯纳 (Nikolaus Pevsner) 曾指出它在横轴线两端侧墙上用壁柱代替敞开的祈祷处，从而加强短轴导向圣坛。普罗密尼在布教宫修建的 Re Magi 教堂（图25），平面表示为有导向性的大厅，但它交替出现的大小跨间减弱了这一效果：有一大跨间在小尽端占显著地位，而小跨间则平分了长墙的中部。圆的转角也表示围护的连续和集中式平面 [这些特点也在圣卡罗教堂(San Carlo alle Quattro Fontane)的庭园中出现]。其平顶上斜格形肋骨，表明多向结构既像圆拱又像筒拱。伊斯坦布尔的圣索菲亚大教堂(Hagia Sophia)有同样的矛盾。它在正方形开间上用三角拱支撑着中央圆拱顶，暗示集中式教堂，但它两边半圆拱的后殿，却形成了具有纵轴线的导向性矩形教堂的传统。巴洛克和新巴洛克剧场的马蹄形平面把焦点集中到观众厅的中心和舞台上。椭圆形平面的中央焦点经常反映在平顶的装饰性图案上和巨大的中央吊灯上；朝向舞台的焦点则反映在周围包厢之间椭圆和隔断的导向性扭曲以及舞台本身的阻挡，当然还有正厅的座位。这一情况反映节日戏院要有双重焦点的设计要求：演出与观众。

普罗密尼在罗马修建的圣卡罗教堂（图26）富有两者兼顾模棱两可的表现形式。四翼几乎相同的处理在平面中表示为希腊十字形，但四翼都扭向主要的东西轴线，又表明它是一个拉丁十字形平面，而连续流畅的墙面则表明它是一个扭曲的圆

图22　范布勒，伯仑罕姆府邸，牛津郡

图23　阿杜安-芒萨尔，别墅与亭立面图，马尔利

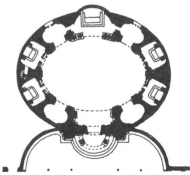

图24　贝尔尼尼，圣安德烈亚教堂平面图，罗马

26

图 25　普罗密尼，布教宫的 Re Magi 教堂，罗马

图 27　普罗密尼，圣卡罗教堂，罗马

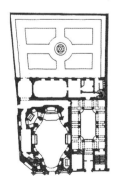

图 26　普罗密尼，圣卡罗教堂
　　　 平面图，　罗马

形平面。鲁道夫·威特科尔（Rudolf Wittkower）还分析了剖面中类似的矛盾。顶棚的图案在连接它复杂的线脚时像是三角拱支撑着希腊十字形平面上的圆拱顶(图27)。整个连续顶棚的形状把这些构件扭曲成模仿波浪形墙上筑起的圆拱顶。这些构件既连续又接合。从另一方面看，形状和图案扮演类似的矛盾角色。例如拜占庭柱头（图28）的侧面，看起来似乎连续不断，但它是以纹理及涡旋形老式图案以及叶板连接各个部分的。

尼古拉斯·霍克斯莫尔（Nicholas Hawksmoor）在布卢姆斯伯里(Bloomsbury)修建的圣乔治教堂的带山尖柱廊（图29）和平面外形(图30)具有明显的南北轴线。但西入口及其尖塔，加上室内空廊的布置和东面半圆形后殿（内设祭坛），形成一条同等重要但相反的轴线。由于运用了相反的部件并扭变了位置，这座教堂的前后左右产生了拉丁十字形平面和双向十字形希腊平面兼顾的对比形式。这些由特殊地形、朝向等条件所形成的矛盾，能产生许多单纯构图所达不到的丰富多彩的对立的效果。

在班茨(Banz)城附近，用圆拱顶构成的一座太子庙(Vierzehnheiligen,图31)在其中殿的大圆拱顶下设有一个中央圣坛。佩夫斯纳把一系列歪放并重叠于拉丁平面上的圆拱顶与一般只在十字交叉处布置的一个圆拱顶作了生动的对比。这是一个拉丁十字形教堂，也是一个集中式教堂，因为它的圣坛和中部圆拱顶的位置不同于一般。有些后期的巴洛克教堂则把方和圆并列在一起。贝尔纳多·维托内（Bernardo Vittone）的构件——模糊地像三角拱（pendentive）又像突角拱（spuinch）——在都灵圣玛利亚广场（S. Maria di Piazza,图32）支撑着圣坛上的圆拱顶兼方形塔式天窗。霍克斯莫尔把矩形线脚和椭圆形图案用在他设计的某些教堂的顶棚上。它们在集中式和导向式教堂中产生了矛盾的形式。在布教宫的某些房间里（图33），墙角里的骑墙拱能使空间在下面为矩形，在上面为连续性的。这与雷恩（Wren）在伦敦修建圣史蒂芬·沃尔布鲁克教堂(St. Stephen Walbrook，图34）的顶棚形状相似。

图28　圣索菲亚大教堂的柱头，伊斯坦布尔

图29　霍克斯莫尔，圣乔治教堂，布卢姆斯伯里

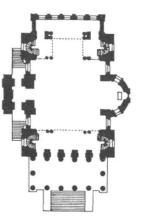

图30　霍克斯莫尔，圣乔治教堂平面图，布卢姆斯伯里

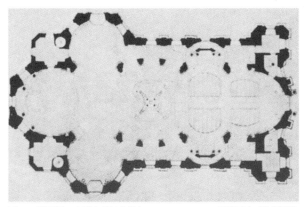

图 31 诺伊曼，太子庙朝圣教堂(Pilgrimage Church)平面图，班茨附近

图 33 普罗密尼，布教宫，罗马

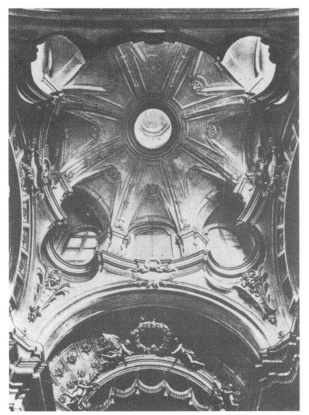

图 32 维托内，圣玛利亚广场，都灵

图 34 雷恩，圣史蒂芬·沃尔布鲁克教堂室内透视图，伦敦

索恩大大丰富了非宗教的厅堂顶棚（图35）的空间与结构，既有直线的又有曲线的，既有圆拱顶的又有筒拱顶的。他的构造方法是将老的结构形式如突角拱、三角拱、眼孔、交叉拱等进行复杂组合。索恩博物馆（Soane's Museum,图36），以另一手法运用老的构件：如倒挂拱券的隔断，在结构上没有什么意义，然而在界定敞开或封闭房间的空间上却是有意义的。

穆尔西亚教堂(Murcia Cathedral)的立面（图37）运用所谓折射（inflection）的手法以取得既大又小的效果。两列柱墩上的断裂山墙相互折射，形成一个大门洞，在空间上适应下面的广场，并成为地区的象征。但是，两列柱墩上上下两层柱式适应建筑本身真实情况与周围环境的尺度。大与小由富有典型板房风格的楼梯通过其宽度与方向的改变立刻表现出来。当然，楼梯踏步的高与宽是不变的，但加宽底层平台以容纳下面宽敞的起居室，上部宽度较窄是为了适应上面较狭窄的厅堂。

预制混凝土结构可以连续不断，然而是片断的。外表是流畅的，然而表面有缝。柱与梁的外观轮廓可以表示结构体系的连续，但填缝的样式又表示成块建造的方法。

英国Spitalfields的耶稣教堂（Christ Church,图38）是以城市尺度作为两者兼顾的一种表现形式。霍克斯莫尔的钟塔既是墙又是塔。垂直于街道入口的视线被教堂底层两边延伸的扶壁（图39）所阻隔。它们只能从一个方向被看到。顶端变成塔尖，从各个方向都能见到，在空间和象征意义上统治着教区的轮廓线。在布鲁日(Bruges)修建的纺织会馆（Cloth Hall,图40），建筑的尺度与它前面的广场配合，而它上部大大不成比例的钟塔则与整个城市相联系。由于同样原因产生了费城储蓄基金会大楼(Philadelphia Savings Fund Society Building)顶上的巨型符号，然而在楼下竟一点也看不见该符号（图41）。巴黎的凯旋门也同样有互相矛盾的功能。不从香榭丽舍大道而从放射大道斜看，凯旋门是一座雕刻性终点。从香榭丽舍大道轴线上直看，它在空间上和象征意义上既是终点又是大门。后面我还要分析正背面有组织的矛盾。但这里我要提一下维也纳的卡尔教

图35　索恩，财务法院室内透视图，伦敦威斯敏斯特宫

图36　索恩，索恩住宅兼博物馆室内透视图，伦敦林肯律师学院

图 37　穆尔西亚教堂

堂(Karlskirche, 图 42), 它的外部既有矩形教堂的立面, 又有集中式教堂的主体。后面突出部分是出于内部设计的需要; 城市空间需要一个大尺度的平直正立面。从建筑本身看它存在着不统一, 与从近邻的尺度和空间关系看建筑的效果是互相矛盾的。

两者兼顾现象所固有的双重意义包含着变化以及矛盾。我已提到过耶稣教堂全向性的塔尖是怎样从底层变成导向性的楼阁的, 但仅可能是一种感觉而不可能是意义的真正改变。在不肯定的关系中经常只有一个主要矛盾占主导地位, 但在复杂的构图中矛盾关系并不是一成不变的。当观察者围绕一座建筑并扩大到一个城市时尤其是如此: 在一个时刻只有一个意义是重点, 而在另一时刻似乎另一个意义成为了重点。例如布卢姆斯伯里的圣乔治教堂(图 30)内部矛盾的轴线, 随观察者在内移动才能交替改变主次而使同一空间改变意义, 这时涉及"空间、时间和建筑"的另一个多焦点的范围。恕不赘述。

图 38 霍克斯莫尔, 耶稣教堂, Spitalfields

图 39　霍克斯莫尔，耶稣教堂，Spitalfields

图 41　豪和莱斯卡兹，费城储蓄基金会大楼

图 40　纺织会馆及钟塔，布鲁日

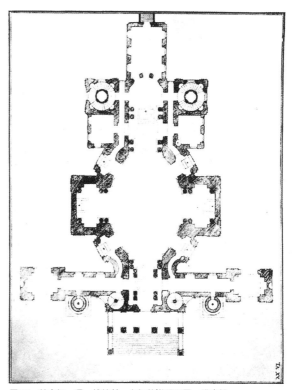

图 42　菲舍尔·冯·埃拉赫，卡尔教堂平面图，维也纳

第五章　矛盾的层次续篇：
双重功能的要素

"双重功能"[27]的要素与"两者兼顾"相关，但有区别：双重功能要素多属于建筑的功能与结构细节，而两者兼顾则侧重于部分与总体的关系。两者兼顾强调双重意义超过双重功能。在谈双重功能要素之前，我必须提一下多功能建筑。就这一名称而论，我认为建筑的形式和要求都很复杂，然而整体是强有力的——柯布西耶设计的拉土雷特修道院或印度昌迪加尔高等法院，综合而统一，与多栋连接的苏维埃宫项目或巴黎救世军宿舍形成鲜明的对比。后者的方法是按功能分区，然后几翼相接，数栋相连。这是正统的现代建筑的典型设计手法。密斯设计的伊利诺伊理工学院，是由一栋栋彻底独立分开的建筑组成的，可以说是一个极端的例子。

密斯和约翰逊合作设计的西格拉姆大厦(Seagram Building)，除办公功能外（后部底层不计）排除了其他一切功能，并用相似的外墙形式遮挡与办公空间性质不同的屋顶机械设备。山崎实设计的纽约世界贸易中心大厦则更加过分简化—大建筑物综合体的形式了。20世纪20年代的典型摩天大楼，并不隐藏屋顶上的机械设备，而是通过建筑装饰形式加以区分。利华大厦(Lever House)的底层与它上部功能不同，但它用空的影缝夸大了分隔。相反，一座卓越的现代建筑，如费城储蓄基金会大楼（图41），把多样复杂的设计要求组合成一种积极的形式。它把首层商店、二层大银行、上部办公室、顶部特殊间结合在一起。这些不同功能和尺度（包括顶上的巨幅广告）被组织在一个紧凑的整体中。它的弯曲立面与其他方正的体型，形成鲜明的对比。该弯曲立面并不是30年代的老一套，因为它有城市的功能。在底层步行的水平面上它引导空间沿着转角移动。

多功能建筑的极端形式表现为圣伊利亚设计的旧桥(Ponte Vecchio)或舍农索城堡(Chenonceaux)或未来派项目。每一设计除复杂的功能外在整体内还包括各种大小的运动。柯布西耶的阿尔及里亚设计是一栋公寓和一条公路，赖特后期为匹茨堡波因(Pittsburgh Point)和巴格达所作的设计相当于康的高架建筑和槙文彦的"集体形式"。所有这些，其整个内部都有复杂和

矛盾的各级大小的运动、房屋和空间。这些房屋既是建筑又是桥梁。从大范围看：一座水坝也是一座桥梁，芝加哥的环行道既是市区的界线又是交通系统，而康设计的街道"想成为一座建筑"。

多功能的房间与多功能的建筑同样是无可非议的。一个房间同时或不同时都能有多种功能。康喜欢画廊，因为它同时既有导向又无导向，既是走道又是房间。他用普通方法将房间的大小、性质分成等级，称它们为主、从空间，有导向或无导向空间，以及其他更普通而非专门的名称，以适应专门用途不断变化的复杂性。像他设计的特伦顿社区中心(Trenton Community Center)，其中有许多空间以更复杂的方式与18世纪前的整套房间布置并行不悖。走道与房间各自负担单一的功能，这一理念起源于18世纪。在现代建筑中通过固定家具实现功能区分和专门化这一特点难道不是这一理念的极端表现么？康含蓄地对这种不灵活的专门化和局限的功能主义提出疑问。在这个意义上说，就是"形式产生功能"。

多功能的房间，可能是现代建筑师考虑灵活性较好的解决方案。房间要通用而不要专用，要采用活动家具而不采用活动隔断，提倡感觉上的灵活性而不是实质上的灵活性，容许今天建筑仍需要的坚固性和永久性。有效的灵活性能促进有用的灵活性。

双重功能的建筑要素在现代建筑中不常使用。相反，现代建筑在各方面鼓励区分和专门化——在材料和结构以及设计和空间方面。赖特所著《材料的性质》(The nature of materials)一书，排除了多种用途的材料，或相反，在同一形式和表面上采用不同材料。据赖特的自传称，他和老师沙利文的分歧始于后者不加区别地运用砖、木、铁、陶土等材料作他有特色的装饰。对赖特来说，"适合用一种材料的设计，就不适合另一种材料。"[28] 但埃罗·萨里宁(Eero Saarinen)在宾夕法尼亚大学(University of Pennsylvania)宿舍的立面上使用的材料和构造中包括葡萄藤覆盖的坡地、砖墙和铁栅等——然而弯曲的外表形

图43　劳申伯格，《朝圣者》，1960 年

图44　桂别墅，京都

式却是连续不断的。小萨里宁摆脱了在同一平面上不用不同的材料或不用同一材料作两件不同东西的流行观念的束缚。罗伯特·劳申伯格 (Robert Rauschenberg) 的绘画《朝圣者》(Pilgrim, 图43)画框帆布上的画案与它前面的椅子联结在一起,使画与家具的区分模糊不清,在另一个层次上,则成为房间内的一件艺术作品。功能和意义两个层次之间的矛盾在这些作品中得到了承认,但手段被滥用了。

但是,对结构的纯粹派以及有机派来说,双重功能的结构形式是令人憎恶的,因为形式与功能、形式与结构之间的对应模糊而不确切。与此相反,日本的桂别墅(Katsura Villa, 图44)中受拉的竹杆和受压的木柱形式相似。我想,对现代建筑师来说,无论当前对传统的日本设计怎样偏爱,两者的截面与大小相似,这似乎也是个遗憾。文艺复兴式的壁柱(以及其他不起结构作用的结构构件)能在多个层次上产生两者兼顾的现象。它能同时成为真实或不真实的结构,通过联想成为象征性的结构以及发扬韵律和巨大的柱式中尺度的复杂性而成为构图上的装饰。

现代建筑除因材料和结构关系产生专门的形式外,既分离又连接构件。现代建筑从来不讲含蓄,在发展框架和幕墙时把结构与围护分离。甚至约翰逊制蜡公司管理大楼(Johnson Wax Building)的外墙都是围护而不是承重的。作细部时,现代建筑也崇尚分离。即使是平缝也是拼连的,并突出接缝阴影。多功能的构件能同时兼作几种用途的同样很少见。值得注意的是圆柱比方柱用得多。在罗马希腊圣母堂(S. Maria in Cosmedin)的中殿中 (图45),圆柱形式是由占优势而确实的功能要求作为支点产生的,它只能通过与其他圆柱或构件比较偶然地引导空间。与圆柱相间使用的方墩则具有内在的双重功能。它们围护并引导空间,一如支撑结构。弗雷讷教堂(Frèsnes, 图46)中的巴洛克柱墩,形式残旧、结构累赘,是结构与空间同时兼备的双重功能构件的极端例子。

柯布西耶和康的双重功能要素,在我们的建筑中并不多见。柯布西耶的马赛公寓的遮阳板既是结构又是外廊。(它们

图45　希腊圣母堂,罗马

是墙的片断、垛子还是柱子?)康的集柱和他的能"躲藏"设备的空心管道,还能调节自然光线,一如巴洛克式建筑中有韵律的复柱和壁柱。像理查德医学研究大楼(Richards Medical Center,图47)的开口大梁一样,这些构件既非纯粹的结构,又非精确的最小断面。相反,它们是整个大空间不可分割的结构片断。有正当理由认为形式应力并非纯粹的结构,而一个建筑部件的存在也不是偶然的。(但是,这座建筑中的柱子和楼梯间是以正统的方式分离和接连的。)

平板结构是厚度不变,混凝土内加了各种钢筋,柱距不等,又没有梁或柱帽的一种结构。为了保持厚度的一致就需改变钢筋的数量以无梁平板承受较为集中的荷载。这种结构,特别是在公寓房屋中可使平顶整齐划一,便于设置隔断。平板从结构上看是不纯的:因为它们的截面并非最小。结构力的要求向建筑空间的要求作了妥协。形式在这里以一种矛盾的方式服从功能;实体服从结构功能,外形服从空间功能。

在某些手法主义和巴洛克的砖石结构中,柱墩、壁柱、辅助拱大致均匀地构成一座建筑的立面,其结果如瓦尔马拉纳邸宅(Palazzo Valmarana,图48)的立面,既是承重墙又是框架结构。罗马万神庙(the Pantheon,图49)中的辅助拱,并非原来部分的可见形式,同样在结构上具有双重功能的墙体。在这方面,罗马教堂、高迪的圣家族教堂(Sagrada Familia,图50)和帕拉第奥的Il Redentore(图51)与哥特式教堂(图52)完全不同。与分离的飞扶壁不同,罗马的逆向拱既能跨越又能扶撑,而高迪巧妙创造的斜撑把支撑和扶撑结合为一体,既支撑拱券的重量又扶撑拱券的推力。帕拉第奥的扶壁在立面上又是断裂山墙。建在阿西西(Assisi)的圣基娅拉教堂(S. Chiara)的飞扶壁是广场入口,也是建筑的支柱。

双重功能要素还能作建筑细部。手法主义和巴洛克建筑有丰富的两用细部,如滴水线脚可作窗台,窗户可作壁龛,檐部装饰可作窗户,外墙转角的竖条可作壁柱,额枋可作圆拱(图53)。米开朗基罗的劳伦蒂安图书馆(图54)入口两边壁龛的

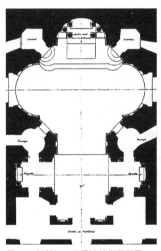

图46 芒萨尔,弗雷讷教堂平面图

图47 康,理查德医学研究大楼,费城宾夕法尼亚大学

图 48 帕拉第奥，瓦尔马拉纳邸宅立面图，维琴察

图 50 高迪，圣家族教堂剖面图，巴塞罗那

图 51 帕拉第奥，Il Redentore，威尼斯

图 49 罗马万神庙透视图

图 52 圣乌尔班教堂，特鲁瓦

壁柱又像托架。普罗密尼在罗马布教宫（图55）背立面的线
脚既是窗框又是人字形山尖。勒琴斯的灰墙楼(Grey Walls，图
56)两边的烟囱无异是雕刻般入口的标志，Gledstone馆大厅
(Gledstone Hall，图57）墙上的护墙板是楼梯踏步竖板的延伸，
在Nashdom大厦中楼梯休息平台也是一个房间。

　　轻型木结构经西格弗里德·吉迪恩(Siegfried Giedion)研
究后，成为多层次的了。从结构上和形象上看，它从分散的
木架变为皮层，该皮层既是结构又是隔墙。在一定程度上它是
2in × 4in(5.08cm × 10.16cm)木材组成的木框架；在另一程度
上它是小尺寸的2in × 4in(5.08cm × 10.16cm)木材密排并用
斜叠板互相支撑啮合的皮层。这一错综复杂的特点从对它作深
入研究及其终止的方式看是很明显的。轻型木结构是建筑中同
时兼有几种功能的另一要素。它代表两个纯粹极端之间的一种
方法。它们各自演变直至兼有两者的特色。

　　建筑中传统的要素代表演变发展的一个阶段，它们在改变
的用途和表现形式中含有某些旧的以及新的意义。所说的旧要
素与双重功能要素是并行不悖的。它要与多余的要素区分开
来，因为它含有双重意义。这是由联想引起的旧意义与由结构
上或设计要求上改良的或新的功能以及在新的背景下产生的新
意义，多少有些模糊不清地相结合的结果。旧要素反对意义的
简明，相反，它鼓励意义的丰富。这是城市变化发展的基础，
一如改建那样包括旧建筑有目的性地或象征性地改作新用(例
如把大厦改成博物馆或大使馆)，以及旧街道改变用途或交通
等级。欧洲城市中世纪城墙上的小路改成了19世纪的林阴大
道；一段百老汇大街成为一个广场和一种象征而不再只是纽约
城北的干道。但是，费城索赛蒂希尔(Society Hill)码头街(Dock
Street)的幻影是一个毫无意义的残余而不是新旧之间正当的过
渡所产生的有用要素。我将在后面谈到出现在米开朗基罗建筑
中的旧要素和所谓的波普建筑。

　　修饰性要素像双重功能要素一样在新近的建筑中并不多
见。如果后者由于它内在的模糊性犯有过错，那么修饰就冒犯

图53　普罗密尼，S. Maria dei Sette Dolori，罗马

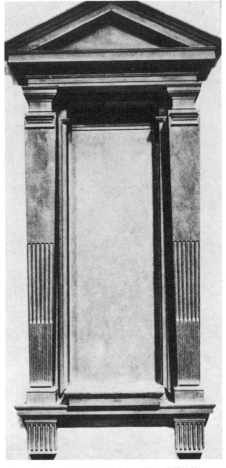

图54　米开朗基罗，劳伦蒂安图书馆，佛罗伦萨

38

图 55　普罗密尼，布教宫，罗马

图 56　勒琴斯，灰墙楼，苏格兰

图 57　勒琴斯，Gledstone 馆大厅，约克郡

39

图58 勒杜，大门项目，布尔讷维尔

图59 范布勒，伯仑罕姆府邸，牛津郡

了正统的现代建筑对最小极限的崇拜。如果是废弃了的表现手法，那么修饰要素证明是合理的。从一个观点看，某一要素可以是修饰性的，但如果它是合理有效的，在另一层次上它就通过强调而丰富了意义。在勒杜于布尔讷维尔(Bourneville)设计的大门（图58）中，拱门内的两根柱子在结构上是修饰性的，并非多余。但是，从表现形式上看，它们强调门洞的抽象意义是半圆而不是一个拱，并进一步说明洞口是一座大门。我曾提过弗内斯为宾夕法尼亚美术学院设计的相对于室内背景未免过大，但对外部规模和入口感觉却是一个恰当的姿态。古典的门廊是一种修饰性入口。楼梯、柱子和山尖并列在其他一类，后面才是真正的入口。鲁道夫设计的耶鲁大学艺术与建筑系大楼的大门是按城市尺度设计的，但大多数人都从另一边楼梯间的侧门进出。

很多装饰的功能是修饰性的——像巴洛克建筑中的壁柱用

于韵律。范布勒在伯仑罕姆府邸（图59）的厨房后院入口上用了脱离墙面的壁柱，这是一种建筑夸张。现代建筑中很少使用既是修饰性又是结构性的要素，虽然密斯用了贝尔尼尼也肯定会羡慕的修饰性工字梁。

第六章　法则的适应性和局限性：
　　　　传统的要素

总之，必须接受矛盾。[1]

有效的法则能适应复杂的现实中偶然出现的矛盾。它能迁就，也能强制。因此，它容许"抑制与自发"、"纠正与自在"——在总体中即兴活动。它容忍限制与妥协。在建筑中没有固定不变的定律，但也不是一切都能在一栋建筑或一座城市中通行无阻。建筑师的主要职责在于仔细衡量得失，作出决定。他必须决定什么可行，什么有可能妥协，什么可以放弃，在何处和怎样去做。他并不忽视或排斥设计要求和结构在法则中的矛盾。

我曾强调从方法中产生的复杂与矛盾多于建筑的设计要求。现在我要强调从设计要求中产生并反映生活固有的复杂与矛盾的复杂与矛盾。显然，在实际工作中两者是休戚相关的。矛盾能代表修改其他一致法则的例外的不一致，或它们能代表贯穿在整个法则中的不一致。在第一种情况中，矛盾与法则的关系是偶然例外对法则的迁就，或把特殊与法则的一般要素并列。这样你建立了一种法则，然后加以废除，但废除得很坚决而不是软弱无力。我把这种关系描述为"适应矛盾"。在总体中不一致的关系，我认为是一种"困难总体"，将在最后一章中讨论。

密斯谈到需要"在极为紊乱的时代中建立法则"。但康却说"法则并不意味着有条不紊"。我们不应抵制那令人痛心的紊乱么？我们不应探讨时代的复杂与矛盾的意义并承认体制的局限么？我认为有两个正当理由可以说明需要废除法则：承认室内与室外、设计要求与环境以及生活经验所有层次的多样与紊乱；一切由人制定的法则极为局限。当发展形势与法则抵触时，法则就应改变或废除：反常与不定在建筑中是正常的。

废除法则能增强意义；例外是针对规则而言的。一座建筑没有"不完善"的部分就没有完善的部分，因为有对比才有意

义。一种艺术上的不协调能给建筑以活力。可以允许普遍发展偶然的东西，但它们并不会普遍出现。如果墨守陈规而无权宜之计会产生形式主义，那么，只讲权宜而无法则就意味着紊乱。法则在废除之前必须存在。任何艺术家决不能轻视法则作为认识总体有关它本身特点与周围环境的一种方法的角色。柯布西耶认为，"没有体系就没有艺术。"

毫无疑问，动辄爱废除法则的倾向，可说是夸大。正当的形式主义，在这方面指的是一种纸上谈兵的建筑，它会补偿失真，权宜应急，作构图中偶然部分的例外，或在矛盾并列中作强烈的重叠。例如，新建筑中柯布西耶的萨伏伊别墅，是在规律性很强的法则中适应特殊而偶然的矛盾。但与勒氏相反，阿尔托的沃尔夫斯堡文化中心（Cultural Center at Wolfsburg）似乎是在矛盾中建立法则。举一个历史性实例，也许有助于说明这种法则与例外的关系：意大利塔鲁吉宫（Palazzo Tarugi，图60）镶饰着圆拱与壁柱的墙上，无论突然强加的窗户如何古怪，拱洞如何不对称，仍能保持它自身的特点。这种夸张的法则及其所产生的夸张统一，加上规模的某些特点是意大利宫廷建筑和柯布西耶的某些作品取得纪念性的原因。在构图中，偶然的对立是取得这种纪念性的秘密所在——它既不枯燥也不浮夸。虽然阿尔托的法则初看很难掌握，它同样具有法则与偶然的关系。

在工程中只有桥梁（图61）能生动地表明夸大的纯粹法则对偶然矛盾所起的作用。从唯一而简单的功能出发，要求桥梁上部结构为直率而等跨的几何法则。但桥梁下部结构与此大相径庭，为适应例外，通过变形，以权宜之计，采用长短不同的跨度与高低不一的桥墩以使桥梁得以通过崎岖的山谷。

法则与妥协的运用还支持着建筑的改建与城市规划的演变。当然，现有建筑计划的改变是正当现象，也是我所赞同的矛盾的一个主要来源。不少建筑构图承认偶然的例外，如塔鲁吉宫在改建中保持了总体形式。在人眼视线水平上极为丰富的意大利城市景色，是几代人对底层室内商业用房不断修改或现

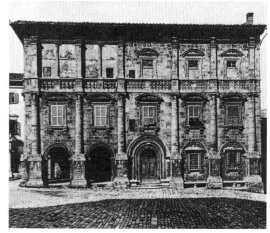

图60　圣加洛，塔鲁吉宫，蒙特普尔恰诺

---

❶　戴维·琼斯（David Jones），《时代与艺术家》(Epoch and Artist)，Chilmark 出版社，纽约，1959年。

图61 卡雷和詹内利，Poggettone and Pecora Vecchia Viaducts，Autostrada del Sole，博洛尼亚-佛罗伦萨段的剖面图

代化的结果，例如设在古老宫殿内部的具有清新风格的当代酒吧。但是建筑原来的法则必须十分强烈。大量的集柱并不会破坏大中心车站（Grand Central Station）的空间，但引进一个外来要素，将使某些现代建筑的整体效果大为逊色。我们的建筑必须在自动售烟机中生存下去。

我只谈了建筑法则的一个层次——有关一部分特定建筑的个别法则。但是建筑中还有传统，而传统则是另一种特别强烈、范围更为普遍的表现形式。建筑师必须运用传统使它生动活泼。我是说应该非传统地运用传统。传统包括建筑要素和建筑方法。传统要素在制作、形式和使用方面都是普通的。我并非指那些通常很漂亮的高级工业产品，而是指那些大量积存的与建筑及构造有关的无名氏设计的标准产品，以及那些本身十分平常或通俗而与建筑艺术联系不大的商业展览品。

低级酒吧间与下等夜总会在建筑法则中的存在是无可非议的。它们是现实存在的。建筑师可以对它们不满或试图忽视甚至废弃它们，但它们不会消失。它们也不会长期消失，因为建筑师无力加以替代（他们也不知道用什么去替代它们），也因为这些普通要素能适应多样化与传达信息等现有需要。陈旧的题材既老又乱，仍将成为我们新建筑的环境，而我们的新建

筑又一定成为它们的环境。我承认我的眼光未免狭隘，但建筑师轻视的这一狭隘观点与他们所崇拜但却不能实现的空想一样，都很重要。权宜地结合新旧的短期规划必须伴随长期规划。建筑既是演变性的又是革命性的。作为一种艺术，它承认现在怎样，将来应该是怎样，既要顾及眼前，也要思索推测未来。

历史学家已提出19世纪中期的建筑师是怎样忽视与排斥当时与建筑无关而不值一顾的有关结构与方法的技术发展。他们依次以哥特式复兴主义、学院式复兴主义或手工艺运动取代。今天我们不是颂扬先进技术而排斥建筑与景观中普遍而刻不容缓的、重要但粗俗的要素么？建筑师必须接受已掌握的建筑方法与要素。在他们试图从本质上探索有希望的新形式与研究有希望的先进技术时经常遭遇失败。技术革新需要时间、技艺和金钱的投资，至少在我们这种社会中为建筑师力所不及。19世纪的建筑师的困难与其说是把革新留给工程师，不如说是他们忽视别人发展的技术革命。现代建筑师不实际地热衷于新技术的发明而忘记了自己作为现有传统专家的责任。建筑师当然要对他的建筑怎样做与做什么负责，但他的革新主要在于做什么；他的实践限于总体的组织，较少顾及局部技术。建筑

师要选择也要创造。

在建筑中运用传统既有实用价值，也有表现艺术的价值。建筑师的主要任务是在旧的部件无能为力时，利用传统部件和适当引进新的部件组成独特的总体。格式塔心理学(Gestalt Psychology)认为环境给部件以意义，而改变环境也使意义改变。因此，建筑师通过对部件的组织，在总体中创造有意义的环境。如果他用非传统的方法运用传统，以不熟悉的方法组合熟悉的东西，他就在改变他们的环境，他甚至搞老一套的东西也能取得新的效果。不熟悉环境里熟悉的东西既给人以似曾相识的感觉，又给人以陌生感。

现代建筑师对传统要素的开发十分有限。如果他们并不把它当作陈旧过时的东西而加以全部抛弃，他们就会把它作为先进的工业法则的象征加以采用。但是他们很少采用普通的要素以不普通的方法构成独特的环境。例如赖特几乎一直以他个人的建筑创作方法运用独特的要素与形式。次要的要素如西勒奇(Schlage)公司生产的五金或科勒科勒(Kohler of Kohler)公司生产的抽水马桶，即使是赖特也不能避免使用，这表明在他一贯的特殊建筑法则中一项令人遗憾的妥协。

但是，格罗皮乌斯(Gropius)在其早期作品中根据一贯的工业词汇采用建筑要素与形式，因而他主张标准化并提倡他的机器美。例如窗子与楼梯的妙想来自现代工厂生产的建筑，这些房屋都像工厂。后来密斯应用美国本地工业建筑的结构要素，并出人意料地不自觉地采用了艾伯特·康(Albert Kahn，同时代著名工业建筑师——译者注)的结构要素：精致的骨架元件来自标准钢铁制造商的产品目录，表现为外露的结构，却是防火构架上的装饰；它使空间复杂封闭，并不像原来设想的那种简洁的工业空间。

只有柯布西耶能将新发现的东西与普通构件，如将托耐特(Thonet)弯木椅、官员坐椅、铸铁暖气片及其他工业产品与他高级的建筑形式并列在一起而产生出人意料的效果。朗香教堂东墙窗子中安放的圣女像是19世纪前教堂原址的遗物。除了有象征价值外，它代表一座被新背景生动地突出了的旧雕塑。伯纳德·梅贝克(Bernard Maybeck)是近代一位独特的建筑师，他在一栋建筑中矛盾地组合运用土产工业要素与折衷风格的要素（如工业化的窗框与哥特式的窗花格）。非传统地运用传统在我们近代建筑中几乎是闻所未闻的。

按照艾略特的说法，诗人运用"稍加改动的语言文字，不断并列在新而突然的组合中。"[29] 华兹华斯(Wordsworth)在为《抒情歌谣集》(Lyrical Ballads)所作的序言中写道，选择"普通生活中的偶然事件与情境(致使)平常事物出现在非常状态的思想中。"[30] 伯克也曾提及"用自相矛盾的眼光观察事物。"[31] 这一技艺，看来似乎是写诗的基本手段，今天已被用作另一种手段。波普画家通过改变背景或扩大规模给普通要素以不寻常的含意，通过"对感觉的相对性与意义相对性的专注"[32]，老一套的题材在新的背景中会产生既新又旧、既平庸又生动、模糊不定的丰富意义。

这些矛盾意义的价值在演变性的与革命性的两种建筑中都被承认——从后罗马建筑的碎片拼贴，所谓篡改的建筑，例如把柱头用作柱础，直至文艺复兴风格本身，把老的古典罗马语汇用在新的组合中。詹姆斯·阿克曼(James Akerman)曾说过，米开朗基罗"鲜有采用一种母题（在他的建筑中）而不赋予一种新的形式或一种新的含意。然而他一贯保留着古代模式的基本特征借以强制观察者在欣赏他的创新时想起它的来源。"[33]

受嘲弄的传统与单栋建筑和城市景观两者都有关联。它承认我们建筑的真实情况及其在我们文化中的地位。实业提倡开支颇大的工业与电子研究，但不提倡建筑实验。联邦政府向空运、交通和战争的大型企业分配津贴，各为国家安全，而不为直接提高生活水平出力。执业建筑师必须承认这一情况。简而言之，预算、技术以及建筑设计要求与1866年的联系，要比与1966年的紧密得多。建筑师要接受他们这种谦恭的角色，而不是假装着去冒与早期现代建筑的工业主义相提并论的所谓电子表现主义的风险。建筑师在新的背景下要接受他作为有意义的老题材的组织者这一角色——正当的老一套——由于他所处的社会条件，能引导它最佳力量、大宗资金与别的上好的先进技术，他就能从反面以这种间接的方式对社会上颠倒权衡的价值表明他真正的关注。

我曾提及低级酒吧间与下等夜总会在建筑中存在的理由，尤其是从短期观点看，必须接受这种命运的理由。波普艺术已经表明这些普通要素常常是我们的城市随时多样化与富有生命力的主要泉源，并非因为它们的要素平庸与粗俗而导致整个景色的平庸与粗俗，而是因为它们所组成的空间和尺度与周围关系较好。

另外，波普艺术对城市规划的方法有深刻的意义。建筑师与规划师怒气冲冲地谴责一般城市面貌的平庸与粗俗，提倡在现有城市景观中采用矫揉造作的方法消除或掩盖低级酒吧间与下等夜总会，或者在他们的新城市景观的语汇中对其加以排斥。但他们大都不能提高也无法代替现有城市面貌，因为他们的企图是徒劳的。他们愈卖力就愈显得无能，并不断冒作为假专家的风险。建筑师与规划师难道不能在新旧城市中稍许调整一下传统要素以取得有意义的效果么？改进或增加传统要素到其他传统要素中去，扭转一下周围环境，就能以最简便的方法取得最大的效果。他们能使我们以不同的方式见到相同的东西。

最后，标准化像传统一样表现为另一种强烈的法则。但与传统不同，它在现代建筑中已被当作我们技术上的一项装饰品，然而又因其潜在的粗暴与称霸令人畏惧。但是，难道标准化不能适应偶然与没有创造性地利用周围环境不比标准化本身更加可怕么？既有法则又能随机应变，既有传统又能结合环境的思想——以非标准的方法运用标准化——适用于我们长期存在的标准化对多样化的问题。吉迪恩曾写道，阿尔托的独特的"标准化与非理性化的结合，使标准化不再是主人而是仆从。"[34]我认为阿尔托的艺术是矛盾的而不是非理性的——是对偶然性与建筑环境以及标准化法则难以避免的局限的一种巧妙的承认。

第七章 适应矛盾

　　两座18世纪的那不勒斯（意大利港市——译者注）别墅的立面表现两种矛盾。皮尼亚泰利别墅（Villa Pignatelli，图62）倾斜的线脚既是带饰又是窗头。帕隆巴别墅（Villa Palomba，图63）的窗户不顾开间划分的规律，是根据室内的需要打穿外墙开设的。皮尼亚泰利别墅的线脚很好地适应其相互矛盾的各功能。帕隆巴别墅的窗户则与墙块划分和壁柱韵律产生强烈的冲突：室内外的法则处在不调和的矛盾关系之中。

　　在皮尼亚泰利别墅的立面中通过把要素加以调整和妥协以适应矛盾；在帕隆巴别墅的立面中用对比重叠或要素毗邻的方法产生矛盾并列。适应矛盾就是容忍与通融，允许即兴活动。它包含着典型的解体——结果以近似和保留告终。另一方面，矛盾的并列是不妥协。它包含着强烈的对比和不调和的对抗。适应矛盾的结果可能是整体性不纯，矛盾并列的结果可能是整体性不强。

　　这两类矛盾出现在柯布西耶的作品中，萨伏伊别墅（图5）和昌迪加尔议会大楼（Assembly Building，图64）两者的平面的差异与上述两座别墅的立面的差异相一致。在萨伏伊别墅矩形柱网的平面体系中稍加调整，搬走了一根柱子，挪动了一根柱子，以适应空间的特殊需要。议会大楼中，虽然方格柱网也为会堂的特殊塑性形式作了调整，但会堂与柱网并列，并不适应——这种并列是粗暴而不调和的，不仅在平面上而且在剖面中也看得出会堂好像是被硬塞进方格柱网中的（图65）。

　　康说过："设计的作用就是为偶然的东西作好调整。"帕拉第奥设计的内部为矩形的宫殿平面为了适应维琴察的街道布局，不断地偏斜为非矩形形式，结果赋予了建筑一种对立统一的活力，在《四书》(Quattro Libri)刊出的虚构方案中，并不明显。罗马的马西米宫(Palazzo Massimi，图66）是曲线而不是带角的扭曲使立面适应19世纪前一直没有改变的弯曲街道。在标准的复斜屋顶中为适应生活空间的需要，屋顶的角度主要取决于排泄雨水的结构功能，致使原坡屋顶产生了一种富有意义的变形。这些实例有别于洛可可表现主义或德国表现主义的

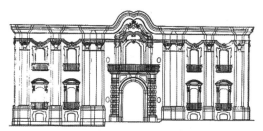
图62　皮尼亚泰利别墅立面图，S. Giorgio a Cremano

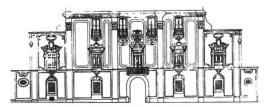
图63　帕隆巴别墅立面图，托雷-德尔格雷科

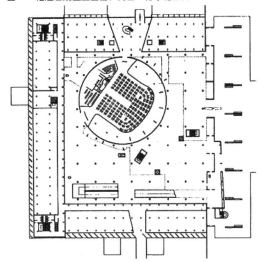
图64　柯布西耶，议会大楼平面图，昌迪加尔

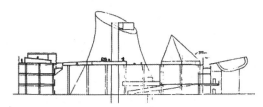
图65　柯布西耶，议会大楼剖面图，昌迪加尔

图66　佩鲁齐，马西米宫，罗马

45

图 67　多梅杰的住宅

变形，在那里变形与不变形没有什么不同。

　　除偶然变形外，还有其他的适应技巧，权宜手段是所有无
名建筑的一种要素，它依靠强有力的传统法则。它被用来调整
与法则矛盾的情况：这些情况常常是地形性的。意大利多梅杰
(Domegge) 的住宅上的托梁（图 67）有利于从对称的立面向
对称的坡屋形作紧迫的过渡，同时适应右边不对称的挑檐。生
动地运用法则和偶然性，其实是所有意大利建筑具有醒目而矛
盾的纪念性和权宜措施的特色。韦兹莱(Vézelay)的教堂内门
(图68) 正中的装饰柱是弧面窗的支撑，挡住了轴线上的圣坛。
这是一个重大的权宜之计。康为特伦顿社区中心设计的以特深
的大梁作大跨度的体育馆，是保持拱顶一致性的特殊设计。大
梁在平面上通过支撑它们的插入柱得以体现（图 69）。勒琴斯
的作品富有计谋：建在桑威奇(Sandwich)名为"敬礼"(The
Salutation)的一座住宅（图70），在它的侧面开了一个裂口，乃
是个权宜措施。它把自然光线引入中部楼梯的休息板上，打破
了法则并在古典棱柱体住宅中产生了令人惊奇的效果。[贾斯
珀·约翰斯 (Jasper Johns) 的某些绘画中用相似的方法把箭
头标记作直率的描绘。]

　　柯布西耶是当代以另一种适应技巧善作重大例外的一位大
师。他打破了萨伏伊别墅底层（图5）开间的法则，如前所述，
他移动了一根柱子，搬走了另一根柱子，以适应有关空间和交

图 68　Ste. Madeleine, 韦兹莱

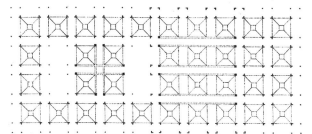

图 69 康，特伦顿社区中心平面图

图 70 勒琴斯，"敬礼"住宅，桑威奇

图71 芒特弗农住宅，弗吉尼亚州，费尔法克斯县

通的特殊需要。在这一有力的妥协中，柯布西耶使整齐为主的构图变得更加生动了。

窗户位置的特殊与柱子的重大例外一样，经常改变对称的局面。例如建在芒特弗农(Mount Vernon)的一座住宅（图71）的窗户，并不是真正的对称。相反，窗户的布局是早期改建的结果，它打破了突出中央山尖，两翼对称的法则。麦金、米德和怀特(McKim, Mead and White)设计的"低屋"(Low House，图72)，它北立面上显眼而特殊的窗户位置与外部形状一致对称的法则是互相矛盾的。这承认了住宅设计要求的偶然复杂性。H.H.理查森(H. H. Richardson)在华盛顿为亨利·亚当斯(Henry Adams)设计的住宅大楼（图73）反映着内部私用的特殊情况，然而保持着拉斐特广场(Lafayette Square)上纪念性建筑整齐和对称的公用要求。在这里，室内与室外、私用与公用、法则与应变之间的巧妙妥协产生了立面模糊不定的韵律和

富有活力的对立。

塔鲁吉宫（图60）立面上不同洞口的形式和位置非常特殊，破坏了意大利典型的以壁柱柱式为主的外部形式。刘易斯·芒福德(Lewis Mumford) 1963年在宾夕法尼亚大学的一次讨论会上把公爵府(Doges' Palace)南立面上的窗户位置与小萨里宁设计的伦敦美国大使馆的窗子立面作了比较。大使馆突出而不变的韵律旨在否定现代设计要求偶然的复杂性，表现一种公共官僚体制的枯燥的纯洁性。凡尔赛宫中教堂一翼除柱子或窗户的尺度外是一个重大的例外。它通过位置、形式和高度给总体占优势的对称法则增添了生命力和有效性。例如，这种生命力在外部法则完全不变的宏大而复杂的卡塞塔(Caserta)❶中显然是缺少的。

---

❶ 卡塞塔是波旁王朝1774年建于意大利那不勒斯与凡尔赛宫竞争的皇宫，它以巨大的宫室与花园称著于世。——译者注

图72 麦金、米德和怀特，"低屋"，罗得岛，布里斯托尔

图73 理查森，亚当斯住宅，华盛顿特区

在现代建筑中,我们长期局限于采用笔直的矩形形式,据说这是由于框架结构和成批生产幕墙的技术要求。以密斯和约翰逊设计的西格拉姆大厦（图74）与康设计的费城办公大厦（图75）相比,可见前两人排斥产生所有矛盾的斜向风撑而喜欢直线框架形式。康曾说过,西格拉姆大厦像一位穿着看不见的紧身马夹的美女。相反,康要表现斜向风撑——但牺牲了电梯等垂直构件,显然是为了人们需要的空间。

在柯布西耶和阿尔托的许多作品中,他们在标准技术的直线与表现特殊情况的斜线之间建立了一种平衡,或者也许是一种对立。阿尔托在他设计的位于不来梅(Bremen)的公寓（图76）中,吸取了柯布西耶高层公寓（图77）中基本住宅单元的矩形法则,然后将其变为斜线,以争取使房间朝南,获得良好的采光和室外景色。朝北的楼梯间和交通区域仍严格保持直线的平面。甚至最边上的单元也维持着空间固有的线性和规整。阿尔托在沃尔夫斯堡文化中心（图78）中组织必要的斜线状的会堂时,整个构图几乎没有保持矩形布局。

这与康设计的戈登堡住宅(Goldenberg House,图79)不同,在戈登堡住宅中,特殊斜线部分是结构布局的要素,部分是空间性的,致使一系列空间连续围绕建筑的转角,而不是一边搭着另一边。

密斯不允许任何东西阻挡他总是完美的建筑点、线、面等不变的法则。如果赖特掩盖他的偶然例外,密斯则加以排斥:少就是多呀!自1940年以来,密斯没有用过应变斜向构件。20世纪30年代,他设计了一系列带院子的住宅（图80）,其中的斜向构件是平面的一种功能而不是应变的条件。因为斜线是占主导地位而非例外,而且在矩形构架中显得松散,斜线与矩形之间并没有产生对立。当然,密斯大跨度建筑中屋架的斜杆则属非偶然例外。

再如萨伏伊别墅（图12）,在它的剖面、立面中,斜坡是明显的权宜办法,使柯布西耶在规整的柱间法则和外皮中建立强烈的对照。这与赖特的众所周知的喜欢使用连续的横线而不

图74　密斯和约翰逊,西格拉姆大厦,纽约

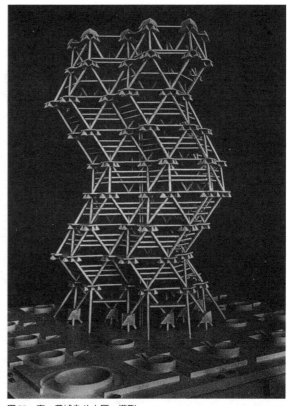

图75　康,费城办公大厦,模型

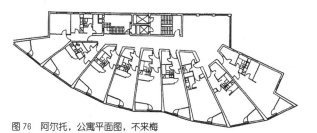

图76 阿尔托，公寓平面图，不来梅

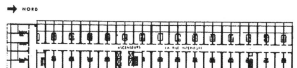

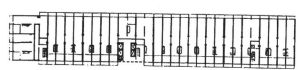

图77 柯布西耶，公寓平面图，马赛

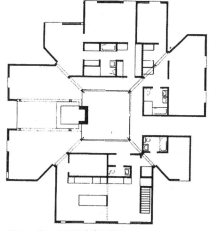

图79 康，戈登堡住宅平面图

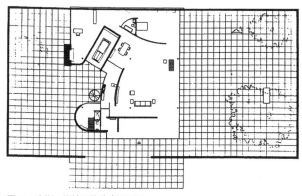

图80 密斯，带院子的住宅平面图

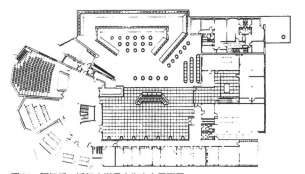

图78 阿尔托，沃尔夫斯堡文化中心平面图

顾其他一切的态度有很大的不同。连他的流水别墅(Fallingwater,
图81)中不寻常的外露楼梯也不用斜线：没有斜梁，也没有
斜线栏杆，只有水平踏步和悬挂踏步用的垂直吊杆。同样，在
室内（图82），他把斜向楼梯藏在两片墙内（他设计的住宅大
都如此）。而柯布西耶则喜欢斜坡和转梯的连续斜线（图5、图
83）。我们早已见到柯布西耶在萨伏伊别墅中是怎样使建筑巧
妙地适应汽车的特殊需要的。但赖特的法则不允许不统一的东
西出现：与别墅的法则相似，桥梁是垂直向的，弯曲的汽车道
不予认可。流水别墅的汽车道像树林里的小道一样在平面上勉
强构成虚线（图82、图85）。让人意外的是，汽车在车道上能
调转方向。

　　在有需要的情况下，斜线无论在室内或室外都很少会产生
不协调。它可以隐藏在法则中，否则就突出作为母题的构图。
在维戈·施密特住宅(Vigo Schmidt House)设计中，斜线成为
整个三角形模数的一部分。在戴维·赖特住宅（David Wright
House）中，整栋建筑成为对角斜坡。赖特的古根海姆美术馆
采用螺旋形斜坡，在复杂的设计中成为主要的母题法则，直角
的垂直形式却变成特殊情况了。内部结构的垂直法则，特别是
厕所管道的垂直法则，是为中部集中的螺旋形斜坡提供稳定性
的措施。

　　看来，阿尔托是用法则适应由斜线作为标志的偶然例外。
在所举实例中，康也是如此，虽然在早期所作的达卡(Dacca)
议会大厦方案中，尽管其规模巨大和复杂，占优势的是极端的
不灵活。柯布西耶并列特殊的斜线，密斯则加以排斥，赖特不
是隐藏斜线就是全部放弃：例外反而成为规律了。

　　所有这些手法对设计和感知设计要求更为广泛而复杂的城
市，当然要比对单栋建筑更为有用。例如，圣马可广场 (Piazza
S. Marco,图86) 的统一的空间法则，在尺度、韵律、肌理上
不是没有强烈的矛盾，更不用说周围建筑高度和风格上的不同
了。难道时代广场 (Times Square,图87) 在它本身统一的空
间中出现参差不齐的建筑和广告，不是也同样有效和具有活力

图81　赖特，考夫曼住宅（流水别墅），宾夕法尼亚州，熊跑溪

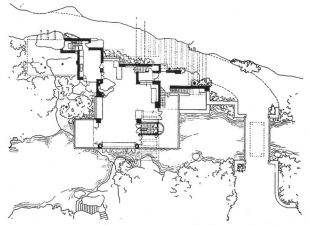

图82　赖特，考夫曼住宅（流水别野）平面图，宾夕法尼亚州，熊跑溪

图 83 柯布西耶，萨伏伊别墅，普瓦西

图 85 赖特，考夫曼住宅（流水别墅），宾夕法尼亚州，熊跑溪

图 84 柯布西耶，萨伏伊别墅，普瓦西

么？只有低级酒吧间和下等夜总会溢出了空间界线，向路边无人之地泛滥，才会变成凌乱而致荒芜的。[如果彼得·布莱克(Peter Blake)的《上帝自己的废物场》(God's Own Junkyard)一书选用路边景色作为实例，我看并不太"坏"，他的论点至少含有路边建筑的平庸，也许反而更为有力。]看来，我们今天的命运面临着：不是无穷无尽杂乱无章的路边城镇(图88)，即混乱；就是莱维敦(Levittown)那样无限的统一（或如图89所示的无所不在的莱维敦那样的景色），即枯燥无味。路边城镇是假复杂，莱维敦是假简单。只有一件事是明确的——假的统一，绝不会产生真正的城市。城市与建筑一样，是复杂和矛盾的。

图86 圣马可广场，威尼斯

图87 时代广场，纽约

图88　美国高速公路

图89　美国开发商的住宅

第八章　矛盾并存

一伙人沿着大道向前走着，然后微微偏向一边，是为了看一眼庞大的战神神庙(the temple of Mars Ultor)的遗迹，其内部已经成为尼姑庵——战神大厦中的一个鸽子窝。在离它不远的地方，他们穿过建筑极为富丽的密涅瓦神庙(Temple of Minerva)的门廊——门廊经过岁月的洗礼，已备受侵蚀和肆意破坏，被积土埋没了半截，像一次涨潮那样矗立在垂死的罗马城中。在这座古老神圣建筑的一边开了一道门，里面设有一家面包店；因为，在任何地方，古老而宏伟神圣的遗迹都可用来满足今天最简单的需要。❶

图90　柯布西耶，磨坊主大楼，艾哈迈达巴德

如果"适应矛盾"相当于温和疗法，那么，"矛盾并存"就意味着电休克疗法。皮尼亚泰利别墅（图62）是适应变化，但帕隆巴别墅（图63）则是对比并存：它的矛盾关系表现为不协调的韵律、方向、毗邻，特别是表现为我所称的重叠——各种建筑要素的重叠。

柯布西耶提供了一个"矛盾并存"的少见的现代实例：印度艾哈迈达巴德的磨坊主大楼（Millowners' Building,图90）。从南面主要入口道上看，遮阳板重复出现的样式产生了韵律，该韵律突然被竖向的门洞、斜坡和楼梯打破。这些斜向构件与方匣子般形式内直角形态的楼层分隔的相互关系，在侧面产生强烈的毗邻，在正面产生强烈的重叠。斜向构件与垂直构件的并列也产生了矛盾的方向：斜坡与楼梯的相遇因有特大的门洞并调整了那部分立面上构件的韵律才稍觉缓和。但当接近或进入大楼时，这些矛盾给人的视觉上的感受就更加丰富了。不同尺度、方向和功能的毗邻和重叠能使它看来像康的高架建筑的小型实例。柯布西耶在昌迪加尔设计了两个会议厅的议会大楼（图65），挤在方格形柱网中的圆锥形会议厅代表一种十分强烈的三维空间的重叠。

城市街道立面主要是二维空间的矛盾存在。弗内斯的票据

---

❶ 节录自《大理石雕像农牧之神》(The Marble Faun)，纳撒尼尔·霍桑 (Nathaniel Hawthorne) 著，Dell 出版社，纽约，1961 年。

图91　弗内斯，票据交换所，费城

交换所(Clearing House,图91)像他在费城的许多最好作品那样已被拆毁,它在严格的框框中受到来自各方面的强大压力。半截门拱被淹没的塔楼所阻,塔楼依次平分立面,几成二元并列。半截门拱与毗邻的不同大小的矩形、正方形、弧面和斜线构成了一栋像是被邻屋劫持的建筑,几乎像城市街道上建造堡垒的一篇失常的短篇故事。所有这些结构和形式的关系与有关立面、街道红线和邻近联排房屋的严格限制是互相矛盾的。

　　阿斯科利皮切诺 (Ascoli Piceno) 的人民宫 (Palazzo del Popolo,图92) 的矩形立面例证了矛盾并存,这种矛盾并存来自不断的改建,而非出于某一建筑师的大笔一挥。在这一立面上出现了强烈的毗邻和重叠,有敞开的和封闭的圆拱、连续的和断裂的线脚、大的和小的窗户、门和正门,还有挂钟、漩涡花饰、阳台和店面。所有这些,产生了断裂的韵律并反映公共与私密、有法则与偶然的尺度等双重矛盾。巴特菲尔德修建在伦敦玛格丽特街的全圣教堂 (All Saints Church,图93),它突出的两翼和条状的图案,在相遇时产生了冲突,无论它们怎样靠近,各部分形式的相对独立性是有别于适应矛盾的矛盾并存的最好实例了。

　　16世纪手法主义粗琢的肌理与文艺复兴式立面中古典法则的精确细部相遇也一样发生冲突。但米开朗基罗设计的法尔内塞宫(Palazzo Farnese)背面中央顶层的外廊与邻墙的关系反映一种较为模糊的矛盾 (图94)。而贾科莫·德拉波尔塔 (Giacomo della Porta) 设计的下层中部的特殊构件——壁柱、圆拱和额枋——韵律变化很小,尺度保持一致,两边标准窗户开间至中部开间的过渡在细部和尺度上都是一致的。米开朗基罗的上部外廊的开口与两边标准构件在上部立面以及尺度和韵律上产生强烈的对比。壁柱也由于它们的立面与高度强烈突破檐口下部的檐墙;檐口本身又后退而不凸出,以匹配其下部大胆凸出的构件。由于檐下的托檐较密,檐口的尺度也小了,而托檐本身(狮子头)则与其他檐口一致,所有线脚是连续不断的。类似的既并存又适应的矛盾模糊结合,也出现在壁龛

图92　人民宫,阿斯科利皮切诺

图93　巴特菲尔德,全圣教堂,伦敦玛格丽特街

图94　米开朗基罗,法尔内塞宫后立面,罗马

的跨间中。

在米开朗基罗的圣洛伦索(San Lorenzo)的梅迪奇教堂
(Medici Chapel,图95)中，跨间内几乎像家具一样尺度的大理
石装饰，邻接大尺度的壁柱柱式。当大柱式与小柱式并存而比
例不变并与大小无关时，古典柱式成为另一种毗邻的对比。杰
斐逊总统用大小柱式并存修建的著名的弗吉尼亚大学(University
of Virginia,图96) 就属于这种毗邻，但与柱式建筑每一细部尺
寸必须有其自身结构的准则相悖。但是，大小不同而形状成比
例的建筑要素并存，像基泽(Gizeh)的金字塔那样，却具有雄伟
庄严这一原始技巧的特点。在格拉纳达(Granada)的教堂和福利
尼奥(Foligno)的教堂 (图97、图98) 的立面中，各种大小的
圆、半圆和在门洞、山尖中的三角形，还有范布勒在 Eastbury
教堂 (图99) 上以相似的比例重叠于圆顶窗前的大拱洞，彼
此邻接，与贾斯珀·约翰斯所作国旗重叠的绘画作品 (图100)
有异曲同工之妙。麦金、米德和怀特所建的"低屋"后的客房，
则是前者整个显著形式的小型仿造。

在总体中除强烈的毗邻外，还有方向的对比。耶路撒冷的
圣墓教堂 (the Church of the Holy Sepulchre,图101)，已多次
改建过，阿尔托在沃尔夫斯堡的文化中心 (图78)，也已改建
过，可以说，它们包括墙和一系列柱子在内都有同等程度的矛
盾方向。曼彻斯特海滨的板房风格的"黑屋"(Kragsyde,图102)
的两翼与突出部分，在显著的四周，牵制不多，但却具有多种
方向，尤其是它的立面。

并列的方向产生韵律性的复杂与矛盾。如图103所示，卡
塞塔宫中的椅子体现了曲线韵律与矩形韵律的强烈对比，在另
一种尺度中，如阿德勒(Adler)与沙利文的大礼堂(Auditorium,
图104)，则同时有飞腾的曲线和多样的重复。在一些无名的
意大利建筑(图105)中相邻而不同的圆拱构成了对位的韵律。

重叠是兼容而不是排斥。它能把对立而不相容的建筑要素
联系起来；能在总体内容纳对立的东西；它能适应有效而无前
提的推理；它能富有多层意义，因为它涉及变化的环境——

图95 米开朗基罗，梅迪奇教堂，佛罗伦萨，圣洛伦索

图96 杰斐逊，弗吉尼亚大学，夏洛茨维尔

图 97 格拉纳达教堂

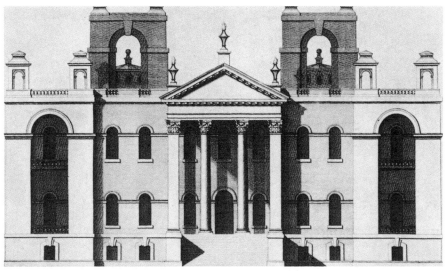

图 99 范布勒，Eastbury 教堂立面图，多塞特

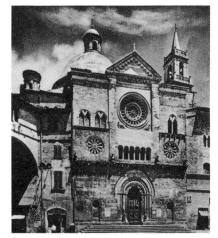

图 98 福利尼奥教堂

图 100 约翰斯，《三面旗帜》，1958 年

图 102 皮博迪和斯特恩斯，"黑屋"，马萨诸塞州，曼彻斯特海滨

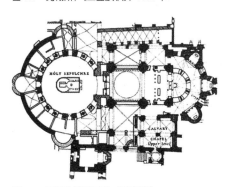

图 101 圣墓教堂平面图，耶路撒冷

图103　帝权风格的椅子，卡塞塔，雷亚莱宫

图104　阿德勒和沙利文，大礼堂，芝加哥

图105　无名的意大利建筑

以不熟悉的方式从意外的观点看熟悉的东西。重叠可以被视为立体主义中的同时性和正统现代建筑中的透明性理念的一种演变。但它与赖特以垂直穿插的空间形式著称的作品不同。重叠能产生真正的丰富，不像典型的"宁静"建筑那样只是银幕般的表面丰富。重叠的表现形式多种多样，如伯拉孟特(Bramante)的梵蒂冈宫的贝尔维德雷庭院(Belvedere Court in the Vatican Palace)的多层墙面(图106)以及康的"残迹……包围建筑"的沙尔克生物研究院(Salk Institute for Biological Studies,图107)。

重叠可以存在于有距离的建筑要素之间。例如希腊神庙前的塔门，它组织构图，连接前景和背景。当有人在其中移动时，重叠不断改变位置，在重叠构件不仅看来连接而且真正接触之处也能产生重叠现象。这是哥特式和文艺复兴式的建筑方法。哥特式教堂的中殿墙上有各种柱式和尺度的连拱。柱干、肋骨、带条和作成这些连拱的圆拱互相穿插重叠。在格洛斯特教堂(Gloucester Cathedral,图108)中，重叠的尺度和方向是矛盾的：巨大的对角扶壁与耳室墙上纤细的连拱柱式平面交叉。所有手法主义和巴洛克立面的重叠和穿插都在同一平面上。在同一建筑中出现大柱式与小柱式相连表示尺度的矛盾，而巴洛克建筑中系列重叠的壁柱表示平墙面上的空间深度。

维尼奥拉在博马尔佐的某展馆设计(图17)中门廊和大门的雕刻般的重叠和库斯科(Cuzco)的 Belén 教堂入口砍掉的壁柱，也许是难以理解的失误，但在葡萄牙托马尔(Tomar)的修道院(图109)的立面上的复杂重叠，构成一片本身包含有用空间的墙面。多层的柱子——靠墙与不靠墙的、大的与小的、直接与间接重叠的——以及大量重叠的开口、框缘、水平和对角的栏杆构成了尺度、方向、大小和形状上的对比和矛盾。它们使墙体本身的内部包含空间。我将在下章涉及室内外之间的差别时再论述这种有效的冗余。

罗马庇护门(Porta Pia,图110、图111)周围的各种结构构件，既是结构又是重叠的装饰。它有很多"围绕"结构的一种装饰的丰富和修饰的重叠。脆弱的洞口四边用粗琢的边框加

图106 伯拉孟特，贝尔维德雷庭院，罗马梵蒂冈

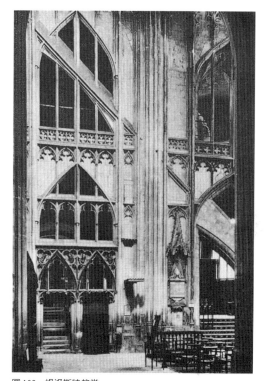

图108 格洛斯特教堂

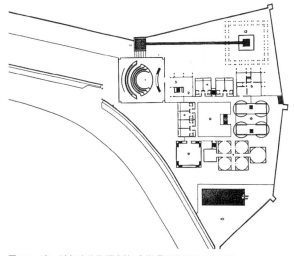

图107 康，沙尔克生物研究院，会堂项目平面图，拉霍亚

以保护。壁柱重叠于边框，连同上面的漩涡形托座和沉重而复杂的山尖一起，进一步限定门和支撑的边缘。这一重要门洞之所以显要，是由于在承重墙上额外采用了并存手法。对角的山尖保护着矩形的刻字碑，反向一段雕刻的花环依次与半圆形的辅助拱的曲线形式相对。圆拱是一系列丰富的跨度结构构件的端部，其中包括水平横梁，它依次减轻与粗琢边框相连的平拱上的荷载。减小跨度的梁托或托座由门洞顶端两个斜角负担。夸大了的拱顶石则重叠于平拱、横梁和拱的门楣中心。

这些有着复杂关系的构件，在不同程度上既是结构又是装饰，通常是丰富的，有时又是多余的。这些水平的、垂直的、对角的和曲线的构件，以它们几乎均等的组合与沙利文的艾奥瓦(Iowa)格林内尔(Grinnell)的盒子形国家商业银行(Merchants' National Bank，图112)上牛眼窗四周强烈重叠的边框相对应。

勒琴斯设计的利物浦教堂(Liverpool Cathedral，图113)上分散的小窗子，看起来像一群小黑点，以独立的布局重叠于整栋建筑的对称而庄严的形体上。这种顺从性很强的小窗子适应保养建筑的服务性房间的需要并创建了与刻板的庄严性形成对比的人性尺度。在费城，以当地交通规模的方格形街道重叠在符合城市区域交通规模的对角大道上，因为它们原来是把城市中心与郊区城镇相连的。这些并存产生了包含外形异常的建筑的奇特的、残余的三角形街区，赋予了城市形象的多样化和特性。曼哈顿的由百老汇独特的斜向十字路口形成的"广场"——例如，麦迪逊、联合、先驱和时代(Madison，Union，Herald，and Times)等广场，成为各具风骚而有个性的著名广场，为整个城市的道路网格增添了生气和对立的特征。在美国平原上典型的方格形城市中由斜向铁路轨道产生的几乎难免的矛盾对角线也生动地意味着整个区域的不同尺度。19世纪美国的"高架"道路，并存于街道之上，预示了多层城市的出现，一如西格蒙德(Sigmond)1958年为柏林所作的规划(图114)，他建议规划一个在当地交通道路上高架大交通量道路的多层城市。在

图109 阿鲁达，耶稣修道院，葡萄牙托马尔

图110 米开朗基罗，庇护门，罗马

图 111 米开朗基罗，庇护门，罗马

图 112 沙利文，国家商业银行，艾奥瓦，格林内尔

图 113 勒琴斯，利物浦教堂模型

这种重叠中，分隔的程度在于空间中分隔的各种形式的变化的、几乎是偶然的重叠与同一平面上互相穿插的重叠之间。这一中等程度的重叠密切相连但并不接触，就像分开的衬里一样。在现代建筑中也不多见。

在卢卡(Lucca)的教堂立面上的罗马式拱廊(图115)，在斯特拉斯堡(Strasbourg)的教堂立面上的哥特式花格窗(图116)，或巴黎圣母院内唱诗班的室内(图117)，在尚博尔(Chambord)城堡的文艺复兴式凹廊(图118)，或高迪的巴特罗住宅(Casa Battló)的二层室外小柱(图119)，或他的格尔住宅(Casa Güell)内走廊柱子(图120)，都是些不靠墙和重叠于不同窗户模式的构件。大的公共尺度和外部生硬的法则与内部需要的小的私密尺度，形成鲜明的对比。洞口分层错开有时会产生韵律与尺度上的失调：范布勒在Eastbury教堂中的大拱洞(图99)和阿尔曼多·布拉齐尼(Armando Brazini)在罗马E.U.R.场地上修建的林业大楼(Forestry Building,图121)展示了墙内外的同样一种重叠，但布拉齐尼的是有韵律的不一致。范布勒在伯仑罕姆府邸(图59)厨房院子的入口架起大门的不靠墙的柱子与后面有规则韵律的窗户不协调地重叠在一起。同样的情况出现在西顿·德拉瓦尔大楼(Seaton Delaval,图122)，其中不靠墙的柱子挡住了一些窗户。在鲁昂(Rouen)圣马克卢教堂(St. Maclou,图123)的立面上，多层的对角构件——刻花的山尖、屋顶和扶壁——尽管形式相似但功能不同。这些并存的构件与Il Redentore(图51)的立面相比，是相对分开的，而后者模糊重叠的斜线是断裂山墙同时又是外露的扶壁。

其他建筑的室内具有类似程度的空间重叠，采取的是极为贴近或脱开衬里的形式。如在Wieskirche教堂(图124)的唱诗班的柱廊与墙面紧紧地平行，产生墙上壁柱与窗洞有韵律变化的并存。索恩的伦敦破产债务人法院(Insolvent Debtors' Court,图125)的室内拱顶逼近墙上窗户，形成更为矛盾的重叠。

现代建筑中不同毗邻要素产生尺度矛盾并存的情况比产生重叠的情况还少。这种尺度的处理见诸古罗马神殿博物馆

图114　西格蒙德，为柏林所作规划的平面图，1958年

图115 卢卡教堂

图117 巴黎圣母院

图119 高迪，巴特罗住宅，巴塞罗那

图116 斯特拉斯堡教堂

图118 内沃，城堡，尚博尔

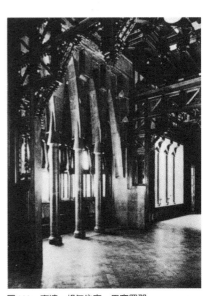

图120 高迪，格尔住宅，巴塞罗那

(Capitoline Museum,图126)庭院中的活动百叶窗和偶然拼放的君士坦丁的巨型头像。值得注意的是，今天这种尺度对比经常出现在非建筑体形中（图127）。在文中我曾提及手法主义和巴洛克建筑中大柱式和小柱式的毗邻。在圣彼得教堂（图128、图129）的背立面上米开朗基罗作了一个更为矛盾的尺度对比：一个盲窗与比它还要大的柱头并存。在克雷莫纳（Cremona）教堂立面（图130）上，小柱廊与它上面的大花园窗强烈地毗邻。这在建筑中反映了建筑本身的尺度和它所主宰的城市两种尺度，致使建筑既可近看，又可远望。在西西里切法卢（Cefalù）教堂（图131）中，具有象征意义的重要的耶稣马赛克像，相对地要大于其他装饰。巨大的中央大门和在Didyma的阿波罗神庙（Temple of Apollo，图132）巨型尺度的门廊廊柱一样大小，与同一立面上的小边门产生强烈的对比。一如勒琴斯在米德尔顿公园住宅（图133），柯布西耶在斯坦别墅（Villa Stein，图134）中将大门与边门的尺度作了对比。这一对比极为生动，不是因为它们毗邻，而是因为在一个基本对称的立面上，它们都处在对应的位置上。在格尔住宅（图135）中，高迪把通行车辆的大门重叠于通行人的小门上。所有这些并存的矛盾使建筑的立面变得生动活泼而对立。在我们的城市中有时也可以遇到近似的尺度变化。但是它们大都出于意外而不是出于设计，如华尔街（Wall Street）上遗留的三一教堂（Trinity Church）或高速公路与原有建筑的并存（图136），这些都是小房子与大教堂或中世纪城市的城墙过于靠近的反常现象。但是，有些城市规划师如今在其规划中比建筑师在其建筑中更倾向于责问正统的分区规划的真诚性和允许采取强烈靠近的手法，至少在理论上是如此。

图121　布拉齐尼，林业大楼，罗马 E.U.R.

图122　范布勒，西顿·德拉瓦尔大楼，诺森伯兰，立面图

图123　圣马克卢教堂，鲁昂

图124　齐默尔曼，Wieskirche教堂，巴伐利亚州，施泰因加登

图125　索恩，破产债务人法院，伦敦

66

图126 古罗马神殿博物馆庭院，
罗马

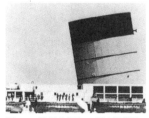

图127 游轮的烟囱，丘纳德航运
公司(Cunard Line)

图128 米开朗基罗，圣彼得教堂
后立面，罗马

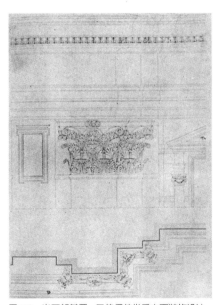

图129 米开朗基罗，圣彼得教堂后立面装饰设计，
罗马

图130 克雷莫纳教堂

图131 切法卢教堂，西西里

67

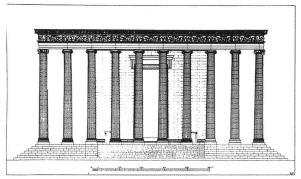

图132　阿波罗神庙立面图，Didyma

图133　勒琴斯，米德尔顿公园住宅立面图，牛津郡

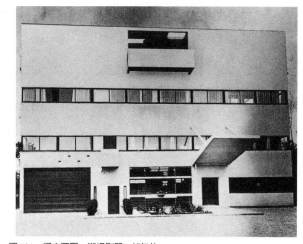

图134　柯布西耶，斯坦别墅，加尔什

图135　高迪，格尔住宅，巴塞罗那

图136　加利福尼亚州的高速公路

第九章　室内和室外

外部体形经常十分简单,但是包装在有机体内部的是极为复杂的各种结构,它们一直是解剖学家的兴趣所在。

植物或动物的特有形式不仅取决于有机体的基因以及由它们引导的细胞质的活动,而且还取决于基因组织和环境之间的相互作用。特定的基因并不能控制特定的特性,但对特定的环境产生特定的反应。[●]

室内和室外的不同是建筑中矛盾的一个主要表现形式。但是,强有力的20世纪正统观念之一是要求两者之间必须连续:室外应表现室内。但这并非真正的新事物——只不过我们采用的方法是新的罢了。例如,文艺复兴式的教堂室内(图137),已经和室外有联系了;室内词汇如壁柱、檐口和滴水线脚在尺度上,有时甚至在材料上都几乎和室外词汇完全一致。结果变化甚微,没有对比也无惊人之处。

也许正统的现代建筑的最大贡献就是使室内外连续的所谓流动空间。这一理念,自被历史学家文森特·斯库利发现其在板房风格室内的早期演变,到其在草原式住宅的成熟发展,直至其在风格主义和巴塞罗那博览会德国馆达到顶峰为止,一直被不断强调。流动空间产生一种横平面和竖平面相连的建筑,这些连续平面视觉上的独立应归功于平面之间相连的平板玻璃;墙上开窗洞的情况消失,变成墙的中断和不易看到的建筑实体。这种无角建筑是一种最彻底的空间连续。它强调室内外空间的统一,这一理念由于新的机械设备的出现成为可能,因为新的机械设备首次使室内气温不受室外的影响。

我将在这里分析的和室外空间不同的封闭室内空间的古老传统,即使不太被历史学家所强调,也已早为一些现代大师所认识。虽然赖特在草原式住宅中确实"打破了盒子",但他设计的约翰逊制蜡公司管理大楼的实墙与圆角和普罗密尼及其18世纪的追随者所设计的室内斜角与圆角相似——都是出于同一目的:夸大水平围护的感觉,以四面墙的连续,促进室内空间的统一和分离。但赖特与普罗密尼不同,他不用窗子切断墙面的连续。因为那样会减弱水平围护与竖向洞口的明显对比效果。而且他会认为那样过于传统和结构上过于含糊。

室内的基本功能是围护而不是敞通,并将室内与室外隔开。康说过:"建筑是藏身之处。"房屋的功能自古以来就是提供和维护人们在身心上的私密。约翰逊制蜡公司管理大楼倡导了另一传统:在表现形式上区分室内外空间。除用墙围护内部外,赖特还对室内光线加以区分。这是从拜占庭、哥特式和巴洛克建筑直至今天的柯布西耶和康的建筑多方充分演变而来的想法。室内与室外是不同的。

但是,还有其他一些有效区分和联系室内外空间的方法不适用于近代建筑。老萨里宁说过:建筑是"在空间中组织空间,社区是如此,城市也是如此。"[35] 我认为这一联系,可以从房间是空间中的空间的理念开始。我要将萨里宁的关系定义不仅应用于建筑与用地的空间关系上,还要应用于室内空间中的室内空间关系上。我所指的是教堂圣殿中祭坛上的华盖。另一件现代建筑的杰作,虽非典型,也说明了我的观点。萨伏伊别墅(图12)的窗口都是墙上打洞而墙体并不断开,严格地限制了空间在垂直方向上的任何流动。但是除了围护功能外,还有一种空间含意,这是它与约翰逊制蜡公司管理大楼的差别所在。它的严肃而近乎正方的室外体形,包围着一个只能从窗洞和上面突出部分窥见的复杂的内部体形。从这方面说,萨伏伊别墅内外对立的形象,展示了对位解决方法——部分断开严肃的外壳和部分显露复杂的内部。它的内部法则适应住宅的多种功能、家庭尺度和私密感固有的部分神秘性。它的外部法则以一种适当的尺度表现了住宅观念的统一,这种尺度适合于它俯临的绿地并可能适合于城市——某一天它将成为城市的一个组成部分。

图137　马丁尼,马东纳-德尔卡尔奇纳亚教堂,科尔托纳

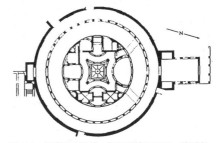

图138　哈德里安别墅,海员剧院平面图,蒂沃利

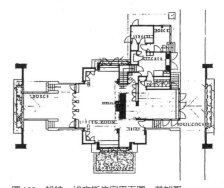

图139　赖特,埃文斯住宅平面图,芝加哥

● 埃德蒙·W.辛诺特著,《有机形式问题》,耶鲁大学出版社,纽黑文,1963年。

建筑能包含事中事，也能包含空间中的空间。其内部体形除萨伏伊别墅那样的外，能以其他方式实现与容体的不同。在蒂沃利(Tivoli)的哈德里安别墅(Hadrian's Villa)的海员剧院(Maritime Theatre，图138)中，其四周环形承重墙和柱廊是同一空间理念产生的另一种形式。即使是赖特，在他设计的埃文斯住宅(Evans House，图139)中，虽不过是个建议，却在矩形外壳作了雕刻般的角柱，也出现了错综复杂的室内。另一极端实例是典型的都铎式庄园的巴灵顿院(图13)，平面中的错综复杂大都被隐藏，只可能偶尔在僵硬对称的立面上表现出来。在另一对称的都铎式平面中，厨房则与小教堂互相平衡。在马利城堡(图140、图141)的剖面中，所显示的复杂性，是为了采光和室内的方便。因为它们在室外无法表明，其室内光线，让人叹为观止。富加(Fuga)的围墙包围着圣玛利亚马焦里教堂(S. Maria Maggiore，图142)和索恩的围墙包围着英格兰银行(Bank of England，图143)歪扭而复杂的庭院和侧楼，都采用同样的方式，出于相似的原因：求得随时间逐步形成的小教堂或银行房屋外部矛盾而复杂的空间与城市尺度空间的统一。拥挤的错综复杂可以排除，也可包容。圣彼得教堂(图144)的柱廊和那不勒斯的伯里比斯锡多广场(Piazza del Plebiscito，图145)，分别排除了梵蒂冈宫建筑群和城市建筑群的复杂性，为的是使它们的广场形成统一整体。

有时矛盾并不在室内与室外之间，而在建筑的顶层与底层之间。如在巴洛克教堂中，由三角拱支撑的曲线拱顶和圆柱形墙壁从矩形基座的女儿墙上伸出来。我曾提及的费城储蓄基金会大楼的曲线底座、矩形楼身和尖角屋顶是建筑内部多种功能的表现(图41)。罗马圣天使城堡(Castel Sant' Angelo，图146)上的矩形要素是从圆形底座演变而成的。理查森设计的沃茨-舍曼住宅(Watts-Sherman House，图147)的浪漫主义屋顶和普利亚(Puglia)的尖锥顶的民房(图148)与它们四周简朴的矮墙形成对比。从外部看，空间中的空间，能成为事物后面的事物。Wollaton 邸宅(Wollaton Hall，图149)的巨大高侧窗，可以被

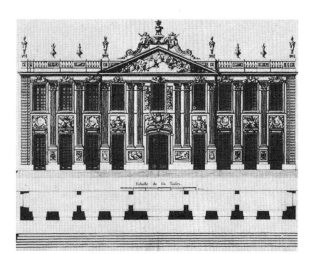

图140　阿杜安-芒萨尔，马利城堡立面图

图141　阿杜安-芒萨尔，马利城堡剖面图

图142　圣玛利亚马焦里教堂，罗马

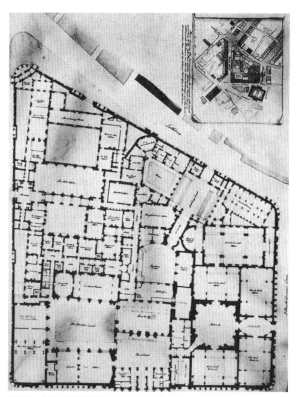

图143　索恩，英格兰银行平面图，伦敦

71

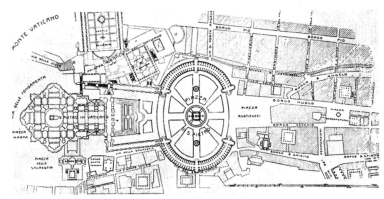

图144 贝尔尼尼，圣彼得教堂的广场的平面图，罗马

图146 皮拉内西，圣天使城堡，罗马，《罗马的景色》(Vedute di Roma)

图145 伯里比斯锡多广场，那不勒斯

看作小尺度事物后的大尺度事物。罗马S. Maria della Pace教堂（图150）中，其重叠的围合要素一步步垂直向前凸出，然后凹进，变成事物后的对比事物，形成了内外之间的过渡。

实质上，柯布西耶的萨伏伊别墅平面表明在僵硬的框框中挤进了许多复杂的东西。20世纪20年代他设计的其他一些住宅平面，也说明先从框框开始，然后向内填充。类似的情况发生在他的昌迪加尔高等法院的立面中（图151）。它与麦金、米德和怀特设计的"低屋"（图72）的后立面相像，但却以不同的尺度，在生硬的立面中作了不少复杂的东西。在平直的屋顶和墙所包围的住宅中，其复杂空间和不同地坪标高由各种不同位置的窗户表现出来。同样，瑞士Emmental式住宅简易的遮盖屋顶（图152）和阿尔托的卡雷住宅(Maison Carrée，图153）的坡屋顶都与其下部室内空间有矛盾。同样的对立，出现在芒特

弗农住宅（图71）的背立面；它是由带山尖的对称立面和不规则的窗户位置间的对比引起的。在霍克斯莫尔Easton Neston（图154）建筑的侧立面上，窗户的位置是按室内的特殊需要而不顾水平法则布置的。在固定的框架中堆砌复杂的东西一直是个普遍想法。它出现在诸多的实例中，如皮拉内西(Piranesi)的幻想（图155）和米开朗基罗的壁龛构图（图156）。表现得更为清楚的实例是秘鲁的兰帕(Lampa)教区教堂的立面（图157）和枫丹白露(Fontainebleau)的教堂入口（图158），像一幅手法主义的绘画一样在边框内充满着巨大的压力。

抑制和错综复杂也是城市的特点。加固城墙以防备军事袭击，广植绿带以保护人民健康都是这一现象的实例。抑制错综复杂也许是对付城市紊乱和一望无际的路边城镇的有效办法。通过创造性运用分区法规和积极的建筑特色有可能集中路边城

图147 理查森，沃茨-舍曼住宅，纽波特

图148 普利亚的民房，意大利

图150 科尔托纳，S. Maria della Pace 教堂，罗马

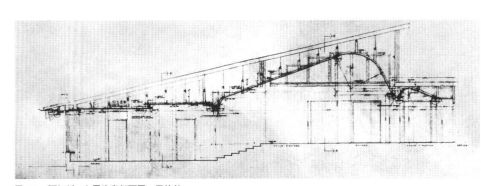

图153 阿尔托，卡雷住宅剖面图，巴佐什

图149 史密森，Wollaton 邸宅，诺丁汉郡

图151 柯布西耶，高等法院，昌迪加尔

图154 霍克斯莫尔，Easton Neston，北安普敦郡

图155 皮拉内西，古公共浴室，《Opere Varie》

图152 Emmental 式住宅，瑞士

镇和废物场地真正的和象征的错综复杂，像约翰·张伯伦(John Chamberlain)所作的压扁了的汽车构成的雕刻和布莱克的《上帝自己的废物场》一书中通过望远镜拍摄的照片，具讽刺意味的是它们建立了一种颇为引人注目的统一。

室内外的矛盾还表现为一层脱开的里层。该里层在里衬和外墙之间创造了一层额外空间。平面图解(图159)表明室内外之间的这种夹层可能具有的不同形状、位置、格式和大小。图解159a展示了最简单的一种夹层——里衬和外墙相似而紧贴。内部材料不同，如护墙板的材料不同又会产生不同的效果。Galla Placidia教堂内部的拜占庭马赛克代表了一种紧贴的里层，但比外部单调无味的砖墙在肌理、样式和色彩上要丰富得多。文艺复兴式墙面上的壁柱、楣缘和拱券，如伯拉孟特设计的梵蒂冈宫的贝尔维德雷庭院立面，可当作面层，而卢浮宫南面廊子外的列柱就成为空间层了。鲁昂教堂(图160)内部的小柱群或西翁住宅(Syon House，图161)前室不靠墙的壁柱，也分别代表了一种更为脱开的面层。但它们和室外细微的差别更多地在于尺度而不在于形式和纹理。柏西埃和方丹(Percier and Fontaine)设计的马尔迈松(Malmaison)带窗帘的卧室的衬里是半脱开的，它是由罗马军用营帐演变而来的。埃及凯尔奈克(Karnak)层层刻分的象征性大门(图162)是浮雕形式的多层衬里，和一般刻划的留窝鸡蛋玩具和木头娃娃相似。这些门中之门像哥特式多层门框的大门但又不同于三角形和弓形并存的多檐饰的巴洛克门洞。

在埃及神庙中以物中有物或围中有围为特色的划分系列，在凯尔奈克空间中成为多层门框的门洞的母题。伊德富(Edfu)何露斯神庙(Temple of Horus)的系列墙体(图163、图164)都是脱开的衬里。外衬里使封闭的内部空间看来受着保护并具有神秘感，从而增强了其空间感。它们像中世纪层层设防的城堡或像贝尔尼尼在Arricia的小万神庙——S. Maria dell' Assunzione——外的空巢(图165)。同样的对立出现在阿尔比(Albi)教堂(图166)和卡塔洛尼亚(Catalonia)及朗格多克地区(Languedoc)

图156　米开朗基罗，壁龛绘画

图157　教区教堂，秘鲁兰帕

图158　罗索和普里马蒂乔，教堂入口，枫丹白露

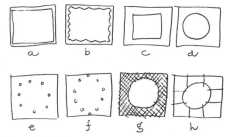

图159　平面图解

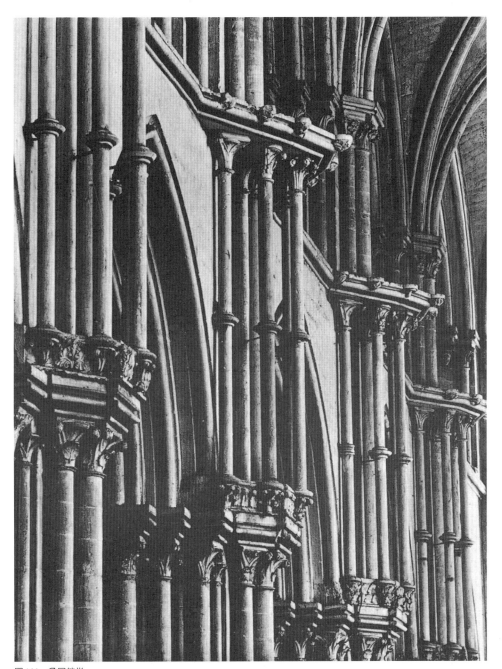

图160　鲁昂教堂

图161　亚当，西翁尔住宅，米德尔塞克斯郡，艾尔沃思

图162　层层刻分的大门，埃及凯尔奈克

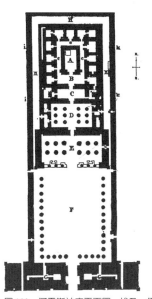

图163　何露斯神庙平面图，埃及，伊德富

图164　何露斯神庙，埃及，伊德富

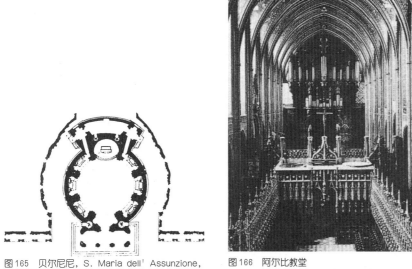

图165 贝尔尼尼，S. Maria dell' Assunzione,
　　　Arricia

图166 阿尔比教堂

图167 阿萨姆兄弟，设计的立面图及剖面图

图168 阿萨姆兄弟，阿比教堂，Weltenburg

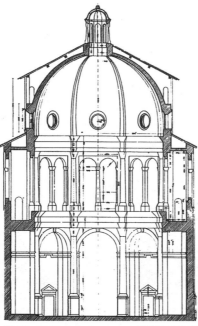

图169 S. Maria in Canepanova 教堂剖面图，帕维亚

图170 罗萨蒂和索里亚，S. Carlo ai Catinari,
　　　罗马

图171 索恩，索恩住宅兼博物馆，林肯律师学院，
　　　伦敦

图172、图173 布拉齐尼，Cuore Immaculata di Maria Santissima 教堂，罗马

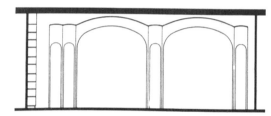

图174 约翰逊，客房剖面图，新迦南

的其他教堂的外墙和封闭的祭坛屏风的悬空层之间。巴洛克的多层半球拱顶在剖面上代表了相似而各自独立的层面。通过中间的眼孔，能见到空间外的空间。例如阿萨姆兄弟（Asam Brothers）的设计（图167），内拱顶的眼孔挡住了侧面高窗，因而产生了光和更为复杂的空间的惊人效果。在室外，上部拱顶增强了高度和尺度的效果。在他们设计的Weltenburg的阿比教堂（Abbey Church，图168）中，在上部拱顶上绘有云彩的壁画，从下部拱顶的眼孔中看去，增强了空间感。在帕维亚（Pavia）的 S. Maria in Canepanova教堂（图169），分层拱顶的效果是从室外而不是从室内看到的。

罗马 S. Carlo ai Catinari 的圣切奇利娅小教堂（S. Cecilia Chapel）的多层拱顶（图170）互相脱开，形状也不一样。从下部拱顶的眼孔可看到一个光线充足，拥有四个音乐安琪儿一组雕刻的矩形空间。在这一区域的远处，依次浮现出更为明亮的椭圆形灯笼式天窗。索恩甚至在小面积的方形空间也采用了室

内圆拱顶，例如林肯律师学院的早餐间（图171），他将圆拱与灯笼天窗、突角拱与三角拱撑以及其他多种装饰和结构形式，眼花缭乱地并列在一起（图35），加强了室内空间的围合感，并使光线更为丰富多彩。这些多层次的结构-装饰构件，有时是发育不全的（在二维空间的格局中几乎如此），但它们使真正独立的空间层次具有复杂的效果。阿尔曼多·布拉齐尼的新巴洛克式的罗马 Cuore Immaculata di Maria Santissima 教堂（图172、图173）在半圆形平面内作了一个希腊式十字形平面。希腊十字形平面在外部的表现是由四个山尖顶的门廊表明十字形的尽端。这些门廊依次向前凸出以适应圆形平面。在现代建筑中约翰逊在平面和剖面中强调多层围护的方式十分独特。他的新迦南客房内的天篷（图174）和在切斯特港（Port Chester）的犹太教堂中的索恩式天篷（图175）都是里层。康则采用脱开的外层，他用"废墟包围建筑"。他设计的沙尔克生物研究院（图107）会议室平面圆中有方，方中有圆，两者并存。据康说，室

图175 约翰逊，Kneses Tifereth 犹太教堂，纽约切斯特港

77

内眩光可以通过并列双层墙上大小形状不同的窗孔加以消除。康说过,他采用不同层次外墙的理由在于光线的调节而不在于围护的空间表达。勒琴斯方中有圆的母题出现在方形房间中带圆井的楼梯。

在 Gerusalemme 圣十字教堂(S. Croce)的门厅(图176)和 SS. Sergius and Bacchus 的室内(图177)以及圣史蒂芬·沃尔布鲁克教堂的室内(图34)都是采用一系列圆柱形成内部脱开的不同的围护层,这些支柱和它们上面的拱顶一起构成室内的内向空间关系。圣史蒂芬·沃尔布鲁克教堂是个方形空间,底层则为八角形空间(图178)。它的圆柱和圆拱顶之间的中间层上突角拱般的拱顶成为到达上面圆拱顶的一种过渡。在太子庙(图31)柱墩和圆拱顶一起界定了矩形和六边形周边墙内的弯曲空间。但与圣史蒂芬·沃尔布鲁克教堂相比,其内层空间独立性较差。在平面和剖面都能见到曲面有时贴近外墙,而有时则与外墙连在一起(图179)。德国南方内勒斯海姆(Neresheim)教堂(图180)的平面和剖面都表明内部圆而复杂的曲线在接近外边椭圆时都蜿蜒地发生了弯曲变化,这些内向空间关系要比圣史蒂芬·沃尔布鲁克教堂的更为复杂,更为模糊。

米开朗基罗在圣玛利亚马焦里教堂的斯福尔扎小教堂(Sforza Chapel,图181、图182)平面中的矩形空间和弯曲空间与剖面中的筒拱、圆拱顶和龛拱互相穿插碰撞,产生了复杂的层次。两种不同形状的模糊并列,以及平弯空间的强大压力和巨型尺度(平弯空间暗中伸展到真正的围护之外)使这一空间具有特殊力量和对立(图183)。

脱开的里层使内外之间留有空隙。但两者之间的建筑处理多有不同。伊德富神庙几乎全是层次。多余的空间加以封闭并突出中心的小空间。莫斯科圣巴泽尔教堂(St. Basel's,图184)像教堂中的一系列小教堂,内部错综复杂的残余空间是小教堂互相挤向中心,外墙紧包在外的结果。在格拉纳达查尔斯五世的宫殿 (图185)、在卡普拉罗拉(Caprarola)的法尔内塞别墅(Villa Farnese,图186)和罗马朱莉娅别墅(Villa Giulia,图187)

图176　格雷戈里尼和帕萨拉夸, Gerusalemme 的圣十字教堂, 罗马

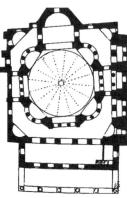

图177　SS. Sergius and Bacchus 平面图, 伊斯坦布尔

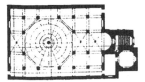

图178　雷恩, 圣史蒂芬·沃尔布鲁克教堂平面图, 伦敦

图179 诺伊曼，太子庙朝圣教堂，班茨附近

图180 诺伊曼，阿比教堂，西德，内勒斯海姆

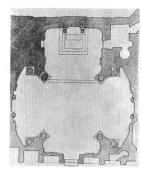

图181 米开朗基罗，圣玛利亚
马焦里教堂，斯福尔扎
小教堂平面图，罗马

图182 斯福尔扎小教堂剖面图

图183 斯福尔扎小教堂

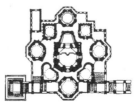

图184 圣巴泽尔教堂平面图，
莫斯科

79

中内院占主要地位，因为它们面积大，形状与四周的不同。它们成为主要空间；而宫室却变成剩余空间。像康在罗切斯特(Rochester)设计的唯一神教派教堂(Unitarian Church，图188)初步方案，剩余的空间都是封闭的。与此相反，在SS. Sergius and Bacchus教堂、圣史蒂芬·沃尔布鲁克教堂、太子庙、内勒斯海姆教堂中由圆柱和方柱的里层所限定的剩余空间却开向主要空间，虽然它们之间有不同程度的分离。在都灵附近的Stupinigi宫（图189），因为主空间的过于开敞，在大厅中宾主空间的区分十分模糊。事实上，里层是如此开敞，以致不过成了由四根方柱和具有极复杂的拱券图案的顶棚组成的中部空间的残余空间了。在布拉(Brà)的圣基娅拉教堂复杂的拱顶眼孔和其他内部拱顶的洞孔（图190、图191）表明残余空间是敞开的，这是为了丰富空间和操纵光线。阿尔托的伊马特拉教堂（图192）的内窗洞与外窗洞分离同样在于调节光线和空间。这种方法的运用在近代建筑中是独一无二的。

17世纪的波兰犹太教会堂的木拱券(图193)模仿砖石结构把上部的衬里加以封闭。与前例不同，其残余空间也是封闭的。封闭的空腔，主要取决于外部空间的影响，而非内在的结构形式，在现代建筑中除阿尔托独一无二的音乐坛（Concert Podium，图194）用木制皮架结构反射声音和引导空间外，几乎不为人所知。在主导空间之间具有不同开敞程度的残余空间，能以城市的尺度产生，也是古罗马晚期城市规划中的广场和其他建筑群的一大特色。残余空间在我们的城市中并不陌生。我正设想我们公路下的开敞空间及其周围的缓冲地带。我们没有承认和开发这些有特色的空间，而是将其开辟为停车场或成块的草地，使之成为地区之间的无人地带。

开敞的残余空间被称为"空腔"，康所称的"服务空间"（有时用来储藏机械设备），以及在罗马和巴洛克建筑的墙中的空腔是容纳不同于室外的室内的可选方法。范艾克说过，"建筑应该被构思为界限明确的各中间地带的组合，这不是指有关场所和时机的不断过渡或无休止的延迟。相反，它指的是与空间

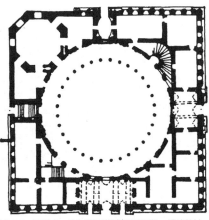

图185　马丘卡，查尔斯五世宫殿平面图，格拉纳达

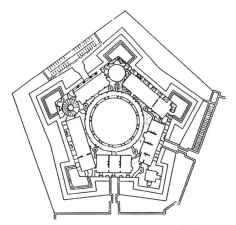

图186　佩鲁齐，法尔内塞别墅平面图，卡普拉罗拉

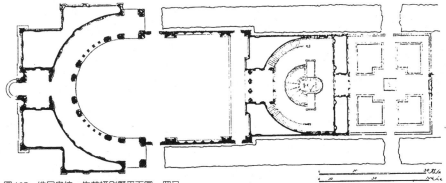

图187　维尼奥拉，朱莉娅别墅平面图，罗马

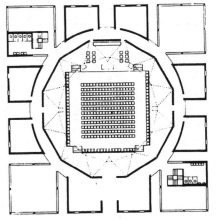

图188　康，第一唯一神教派教堂平面图，罗切斯特

图189 尤瓦拉，Stupinigi 宫，都灵附近

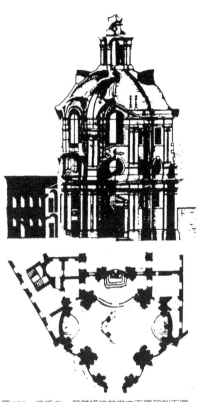

图190 维托内，圣基娅拉教堂立面图和剖面图，
布拉

图191 维托内，圣基娅拉教堂，布拉

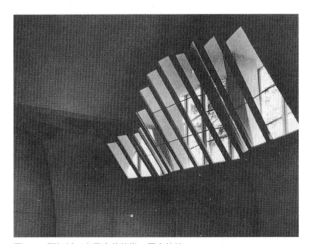

图192 阿尔托，太子庙的教堂，伊乌特拉

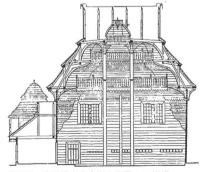

图193 波兰犹太教会堂立面图，17世纪

图194 阿尔托，音乐坛，图尔库

流通的现代概念（可称通病）和消灭空间之间[即室内外之间，一个空间与另一个空间之间（一个现实与另一个现实之间）]一切连接的倾向决裂。所以，过渡必须要用能够同时意识到两边的重要情况的所限定的中间地带加以连接。从这一意义上说，中间地带为冲突的两极能再次产生孪生现象提供了公共场地。"36

残余空间有时相当讨厌。像结构空腔一样，它通常是不经济的。它经常被扔在一边而转向更为重要的一面。这些空间固有的合格性、对比和对立也许符合康中肯的说法："一座建筑应该既有好空间又有坏空间。"

过多的围护像臃肿的堆砌，在我们的建筑中极为少见。除柯布西耶和康的少数例外作品外，现代建筑都忽视这一复杂的空间观念。密斯或早期约翰逊的"设备中心"理念与此无关。因为它已成为主要开放空间中的一种消极的重点而不是和另一周边并行不悖的积极因素了。矛盾的室内空间并不承认现代建筑对所有空间必须统一和连续的要求。层次的深度，特别是对位的并列也不能满足形式和材料关系的经济而明确的要求。在死框框（非透明框框）内涌进错综复杂的东西，也不符合建筑是从内向外生长的现代格言。

为什么室内与室外应该不同，多层围护又有什么好处呢？当赖特提出他的格言："有机建筑形式的产生同植物从土中生长出来的情况相似，两者都是从内部发展而来"37时，他有充足的先决条件，其他的美国人做了一件当时得到认同的好事——提出了必要的战斗口号：

格里诺(Greenough)：为了避免人们只为视觉或联想着想而不参照内部布局，强制将一切建筑的功能表现为一般的外部形式，让我们把心脏当作核心，向外工作。38

梭罗(Thoreau)：我现在知道什么是建筑美了。它是出于内在力量的需要和特点逐渐由内向外生长而来。39

沙利文：(建筑师)必须使建筑自然地、合理地和诗一般地从其周围环境中生长出来。40……外部的面貌与内部的意图相似。41

甚至柯布西耶也写道："平面从内到外；室外是室内的结果。"42

但是，赖特以植物作类比，本身就有局限，因为植物的生长受环境特定力量的影响，产生特定的形式，并受遗传学生长规律的支配。达西·温特沃思·汤普森(D'Arcy Wentworth Thompson)认为形式是环境中发展的记录。阿尔托的不来梅公寓（图76、图195）是由于室内光线的需要和空间朝南的要求，才把本来方正的结构和空间加以修改的，就像一枝朝向太阳生长的花朵。一般来说，赖特一贯孤零的建筑，其室内外空间是连续不断的。他是一位城市憎恶者，因此他的建筑所在的郊区环境，当具有特殊的区域性风格时，并不如城市环境般在空间上具有显著的局限性。[但罗比住宅(Robie House)的流动平面倒是适应其转角地段后面的收缩。]然而，我认为他否认不支持室内直接表达的环境。古根海姆美术馆是纽约第五大街上的一个怪物。而约翰逊制蜡公司管理大楼通过支配及排斥其普通的城市环境对其表示否定。

建筑外部同样存在着外力和内力的差别甚至冲突。凯派什(Kepes)说过："每一个现象——一个实体，一个有机形式，一种感觉，一种思想，我们的集体生活——它的形态和特性都应归功于内外相反两力倾向的斗争；一个物质形体是自身结构和外部环境之间斗争的产物。"43这种相互作用，在都市环境集中的地方较为明显。赖特的莫里斯礼品店(Morris Store，图196、图197)是他富有信心创作的另一个例外，在室内外的强烈矛盾之间——在特殊及私用功能与一般及公用功能之间创建了一座传统的城市建筑，成为现代建筑的珍品。像范艾克所说的："无论是什么规模层次的规划都要（像建立舞台一样）为了个人和集体的孪生现象，设置一个框架，不致任意强调一方面而牺牲另一方面。"44

室内和室外之间的矛盾，或至少其差别，是城市建筑的本质特征，但它不仅仅是一种城市现象。除萨伏伊别墅和像希腊复兴式的国产希腊神庙权宜地把一系列小室挤在一起的明显例

图195　阿尔托，不来梅公寓

子外,文艺复兴式的别墅如霍克斯莫尔的Easton Neston或弗吉尼亚州的韦斯托弗(图198)是在不对称的平面上作了对称的立面。

室内外空间要求之间矛盾的相互影响可以从图199的6个图解一般例子中正背面的差异看出来。巴洛克教堂凹进的立面适应特定的室内外不同的空间需求。凹进的外部与教堂内部凹进的基本空间功能相矛盾,承认需要一个不同的凹进外部作为街道上的一个空间停顿。在建筑物的前面,外部空间更为重要。在立面的后面,教堂的设计是从内向外,但正面则是从外向内。内外矛盾产生的剩余空间用空腔来解决。菲舍尔·冯·埃拉赫设计两栋凉亭(图200),一栋以凹进的曲线表明内部为主的空间;一栋以凸出的曲线表明外部为主的空间。勒琴斯的灰墙楼(图56)的凹进的立面成为一个入口庭院,它的曲面由一辆汽车的回转半径确定,庭院成为入口景观的尽端。灰墙楼是一座农村型的圣伊尼亚齐奥邸宅(Piazza S. Ignazio,图201)。阿尔托在Munkkiniemi的工作室(图202)的凹进的外部形成了一个露天圆形剧场。这些实例都在室内产生残余空间。

前述埃拉赫设计的卡尔教堂(图42)结合一小型椭圆形教堂与一个大型矩形立面,矩形立面采用假立面而非空腔的方法,以适应其特殊的都市环境。罗马牧歌协会(Arcadian Academy,图203)中一座圆亭的凹立面和它后面的别墅甚至更为矛盾。这一立面之所以被赋予特别的尺寸和形式,是为了结束台地园。在萨龙诺(Saronno)的一座圣殿中(图204),立面与其他部分之间存在着风格和尺度上的矛盾。

巴洛克教堂的内部与外部不同,背面也与正面不同。美国建筑,特别是讨厌"假立面"的现代建筑,即使在城市中也强调独立孤零的建筑——不强化街道红线的独立亭式建筑,业已成为准则了。约翰逊称它是美国传统的"扑通落地建筑"。阿尔托的麻省理工学院学生宿舍(图205)是个例外。沿河的弯曲立面及其窗样和所用材料与背立面的方正以及其他特点都不一样;室内外的用途、空间和结构也不一致。费城储蓄基金会大

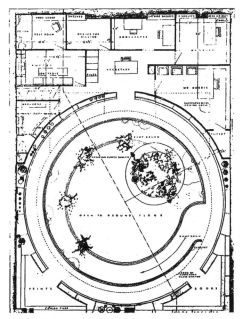

图196 赖特,莫里斯礼品店平面图,圣弗朗西斯科

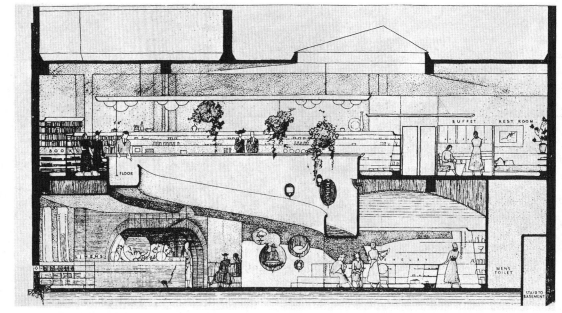

图197 赖特,莫里斯礼品店剖面图,圣弗朗西斯科

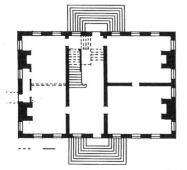

图198 韦斯托弗平面图，弗吉尼亚州，查尔斯城县

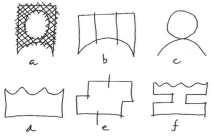

图199 立面图解

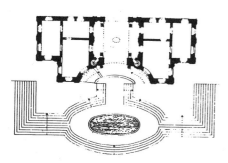

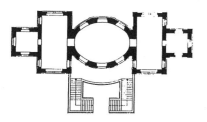

图200 菲舍尔·冯·埃拉赫，两栋凉亭的平面图

图201 拉古齐尼，圣伊尼亚齐奥邸宅，罗马

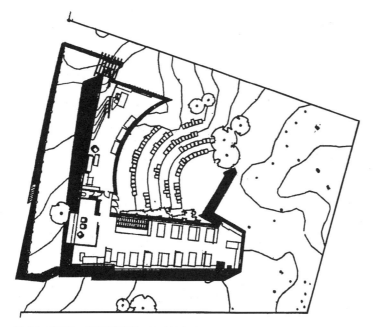

图202 阿尔托，工作室平面图，Munkkiniemi

85

楼是座塔式建筑，四边都不一样，因为它承认它特殊的城市环境：邻墙、街道立面——背面、正面和转角。在这里，独立建筑成为较大的外部整体空间的一个片断，但这座典型的独立的现代建筑，除了为了减弱空间围护或承认朝向差别作了某些表面处理和挂了窗帘外，很少为外部空间的原因改变正面和背面。直至18世纪，这仍是一个传统的观念。巴黎的一座有巧妙的双轴线的旅馆（图206），尽管其原来的环境比较开敞，但为了适应外部空间，它的正背面还是作得不一样。同样无可非议的是霍克斯莫尔的Easton Neston（图154）出现的强烈不统一。远离长轴的私人花园一边的不连续立面是适应室内不同标高和尺度的多样性和室外尺度的需要的。斯特罗齐宫（Strozzi Palace，图207）的侧面预示它隐藏在侧面的小巷中。

设计从外到内，同时又从内到外，产生必要的对立而有助于形成建筑。由于室内不同于室外，墙——变化的焦点——就成为建筑的主角。建筑产生于室内外功能和空间的交接之处。这些室内环境要素，既普通又特殊，既一般又偶然。建筑作为室内外之间的墙就成为这一解决方案及其戏剧性效果的空间记录。承认室内外之间的不同，建筑再次为城市规划的观点打开了大门。

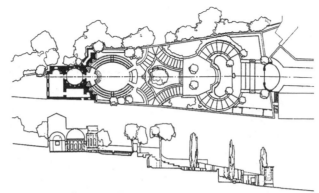

图203　牧歌协会平面图，罗马

图204　圣殿，萨龙诺

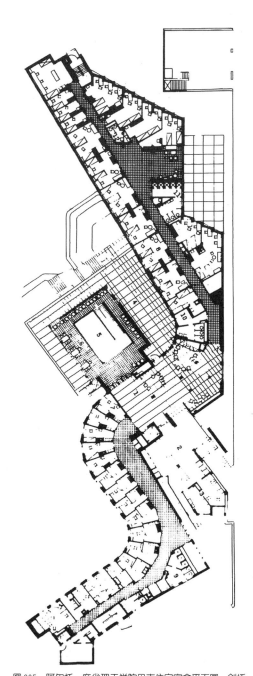

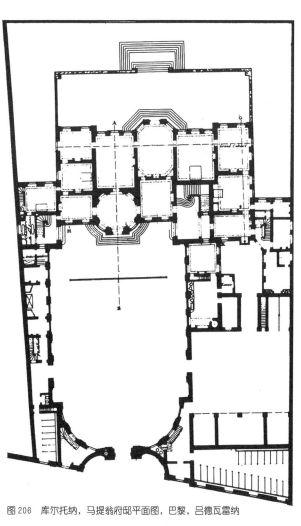

图 206　库尔托纳，马提翁府邸平面图，巴黎，吕德瓦雷纳

图 207　马亚诺，斯特罗齐宫透视图，佛罗伦萨

图 205　阿尔托，麻省理工学院贝克住宅宿舍平面图，剑桥

第十章　对困难的总体负责

……托莱多（俄亥俄州）真美。❶

　　建筑的复杂性和适应性对总体来说也不例外。事实上，我早已提到了对总体的特别责任，因为要实现总体任务艰巨。对于"真谛在于它的总体"的一种艺术而言，我强调其目的在于统一而非简单化。[45]这是兼收并蓄的困难的统一，而不是排斥异端的容易的统一。格式塔心理学认为感性认识总体是部分的总和，但远远超过部分的总和。总体取决于部分的位置、数目及固有性质。在赫伯特·A.西蒙（Herbert A. Simon）的定义中，一个复杂的体系含有"以复杂的方式互相影响的许多部分"。[46]在复杂的和矛盾的建筑中困难的总体含有多种多样的建筑要素，它们之间的关系并不一致或属于感觉上较薄弱之类。

　　例如，关于部分的位置，与简单而单一的韵律相比，这样一种建筑鼓励复合和对位的韵律。"困难的总体"也包含多样的方向。关于总体中部分的数目有两种极端——单件和多件——最容易有总体性：单件本身就是统一体；极端的多件由于部分改变尺度的意向或被当作整个图案或纹理看也是统一的。其次最容易有总体性的是三位一体："三"是建筑中形成庄严统一最常用的构成部分。

　　但是，复杂和矛盾的建筑也包含"困难的"内容部分——二元并列和中等程度的多样性。如果一座建筑物在任何变化的尺度内计划或进行结构设计都需要两个要素的组合，这就是一座多少要解决二元一体的二元建筑。近代建筑压制二元并列。像"双核规划"那样松散的构图，自第二次世界大战以来被一些建筑师运用，但只是部分特例。但是，篡改设计、取消构图以掩盖二元的倾向，已经被接受二元并多少已在建筑和规划的各个方面得到解决的传统加以驳倒——从哥特式的门洞和文艺复兴式的窗户至16世纪手法主义的立面和雷恩设计的格林尼

治医院（Greenwich Hospital）中的一组建筑群。在绘画中，二元并列有连续的传统——例如《圣母子像》（Madonna and Child）和《天使报喜节》（Annunciation）的构图；暧昧的手法主义构图如皮耶罗·德拉弗兰切斯卡（Piero della Francesca）的《鞭打基督》（Flagellation of Christ，图208）；以及埃尔斯沃思·凯利的（Ellsworth Kelly，图208）、莫里斯·路易斯的（Morris Louis，图210）和其他人的近代作品。

　　沙利文在威斯康星州的哥伦布市修建的农商联合银行（Farmers' and Merchants' Union Bank，图211），是近代建筑中二元并列的杰作。其二元并列的困难是很明显的。平面反映了一分为二的室内空间，一边是公共空间，另一边是职员办公空间，营业柜台与正立面垂直。室外同一水平面上的门窗反映了二元并列：门窗各被上面的挂柱平分。但这些挂柱依次又把整块横匾分成三个部分的统一体，突出了中间的大块横匾。在横匾上方的一个半圆拱有助于加强二元并列的效果，因为它以下方横匾的中点为圆心，并且它的完整和显著的大小解决了门窗所造成的二元并列。这一立面由多种部件组合而成——单件像那些分成二三部分的多件一样突出——但整个立面是一个统一体。

　　格式塔心理学还指出部件的性质、数目和位置影响一种感觉的整体性，并进一步作了区分：整体性的强弱程度会起变化。部件本身或多或少能成为整体。或换言之，在或大或小的程度上它们能成为一个大总体的片断。部件的性质或多或少可以连接起来；总体的性质或多或少可以得到加强。在复杂的构图中，对总体的特殊责任鼓励片断的部分，或即特里斯坦·爱德华兹（Trystan Edwards）所称的"折射"。[47]

　　建筑中的折射手法是利用个别部件的性质，而非其位置和数量，丰富表现总体。通过把部件折射到它们本身以外的地方，它们之间产生了联系；折射的部件比不折射的部件更能与总体结合。折射是区分各种不同部件并暗示连续性的手法。它与片断艺术有关。适当运用片断是经济有效的，因为它具有超出它本身的丰富意义。折射还可引起悬念，这在大而有序列的

图208　皮耶罗·德拉弗兰切斯卡，《鞭打基督》，大约1455～1460年

图209　凯利，《绿·蓝·红》，1964年

图210　路易斯，《矽塔》，1960年

❶　格特鲁德·斯坦，《格特鲁德·斯坦的美国》（Gertrude Stein's America），吉尔伯特·A.哈里森编，罗伯特·B.卢斯公司，华盛顿特区，1965年。

图 211　沙利文，农商联合银行，威斯康星州，哥伦比亚市

建筑群中可能是个建筑要素。与双重功能要素相比，折射要素可称为部分功能要素。从感觉上说，它与本身以外的东西有关，并朝着其方向折射。这是与导向性空间相对应的导向性形式。

科尔托纳的马东纳-德尔卡尔奇纳亚教堂（图137）的内部，由有限而不折射的部件组成。它的窗户和壁龛（图212）、壁柱和山尖以及祭坛的接连构件都是独立的总体，本身简单，形式和位置对称。把它们结合在一起就形成了一个大总体。但是，在巴伐利亚Birnau朝圣的教堂（图213）的内部有各种各样的折射向着祭坛。拱与拱顶的复杂曲线，甚至壁柱和柱头都折向这一中心。侧面祭坛的雕像和许多片断要素（图214）都成为折射的部件，它们形式不对称，但位置对称，从而形成一个对称的总体。这种部件的从属关系，相当于韦尔夫林（Wölfflin）的巴洛克"一元化统一"——他将其与文艺复兴的"多样化统一"进行对比。

把伯仑罕姆府邸（图215）与霍尔克姆大厦（Holkham Hall，图216）的入口正立面作一比较，可以表明折射在室外立面上的运用。后者以经常各自独立而相似的小整体相加，构成一个大整体：大部分立面开间是可独立作为单体建筑存在的有人字墙的建筑——霍尔克姆大厦几乎可说是一排的三栋楼相接。前者是各个独立折射片断部件构成的总体。中间砌块尽端的两个开间，单独看，本身是不完整的二元并列，但结合总体看，它们是向中间部分折射的尽端，是对整个构图中山尖中心的确定。门廊两端的方柱和它们上面的断裂山尖也是尽端折射，同样是为了突出中心。这个大立面两个尽端的开间，各是一栋并不折射的楼房。它们也许是厨房和马厩两翼具有相对独立性的表现。范布勒在这样大而对称的立面中创建了一种有力的总体的方法追随了1世纪前雅各布的传统方法：如阿斯顿大楼（Aston Hall，图217）前院立面的两翼和塔、带女儿墙的山墙以及窗户，其位置和形状都向中心折射。

罗马附近的Buon Pastore孤儿院的侧楼和窗户、屋顶和装饰的变化的构造（图218～图220）是由与伯仑罕姆府邸相似的

图212　马丁尼，马东纳-德尔卡尔奇纳亚教堂，科尔托纳

图213　萨姆，教堂，巴伐利亚，康斯坦丝湖，Birnau

图214　萨姆，教堂，巴伐利亚，康斯坦丝湖，Birnau

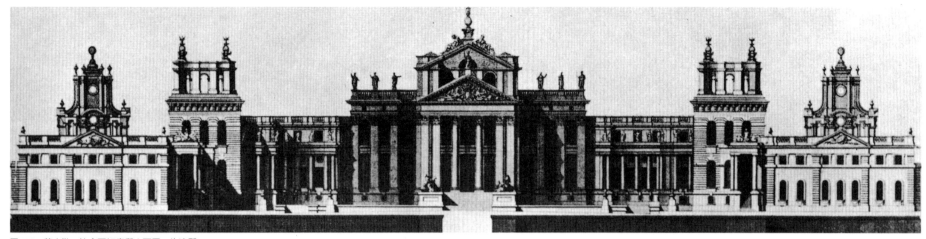

图 215 范布勒，伯仑罕姆府邸立面图，牛津郡

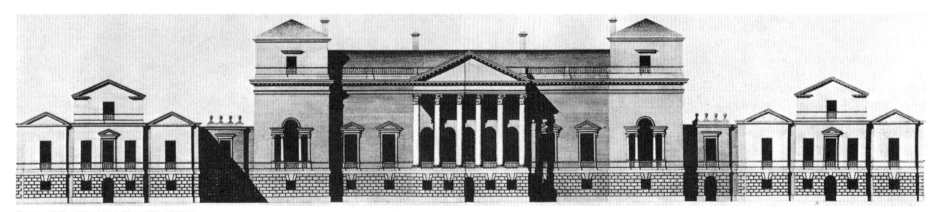

图 216 肯特，霍尔克姆大厦立面图，诺福克

大规模折射的。该新巴洛克建筑群由布拉齐尼设计（它在1940年被认为是异乎寻常的，作为女孤儿院也有问题），它令人惊讶地以多种多样的部件构成一个困难的总体。在所有规模的层次上它是一个折射中的折射，不断指向不同中心的实例——指向正面低矮的立面，或靠近建筑群中心的、逐渐降低的小拱顶及其非常之大的尖塔。当你站得足够近可以看到更小的折射要素时，你有时几乎要转180°才能见到其远距离的对应要素。悬念要素是在你围绕巨型建筑物时才加以运用。你会注意到，通过折射与已见到的或未见到的要素相联系的要素，就像一首交响曲的拆分一样。作为平面与立面的一个片断，不对称构图的每一翼都会引起有关对称总体的对立和牵连。

在城镇的尺度上，折射能来自本身并不折射的要素的位置。罗马人民广场（Piazza del Popolo，图221）孪生教堂的拱顶说明每一栋教堂是一个独立的整体。但它们左右各一个单塔，互相对称，就成为折射的了，因为在各个教堂中它们处在不对称的位置上。在人民广场的环境中，每一栋建筑都是大总体的一个片断和科尔索(Corso)城大门的部件。在帕拉第奥设计的小尺度的泽诺别墅中（Villa Zeno，图222），对称拱门的不对称位置，使两端楼房折向中心，从而加强了整体构图的对称性。这种在对称总体中不对称装饰的折射是洛可可建筑的主要母题。例如在Birnau的教堂(图214)的侧面祭坛和成对挂在墙上的烛台（图223）或壁炉内的柴架、双扇门或其他要素中，能夸大统一并在总体中产生对立平衡的花草曲线装饰的折射是在大范围的对称中出现的不对称。

导向是折射的一种手法，在阿尔多布兰迪尼别墅(Villa Aldobrandini，图224)中得到了运用。它的立面与附加的部分或开间连接，左右端跨上独特的斜向片断山尖导向中央，使高耸的立面成为一体。在蒙蒂塞洛(Monticello)的平面(图225)中，围护的对角外墙把尽端折向中心焦点。在锡耶纳(Siena)，弯曲的立面把公众大楼(Palazzo Pubblico，图226)折向主要广场。这里的弯曲是肯定总体而不是破坏总体的一种方式，就像适应矛

图217　哈特菲尔德和布利克灵，阿斯顿大楼，伯明翰

图218　布拉齐尼，II Buon Pastore 孤儿院，罗马附近

图219　布拉齐尼，II Buon Pastore 孤儿院，罗马附近

图 220 布拉齐尼，Il Buon Pastore 孤儿院，罗马附近

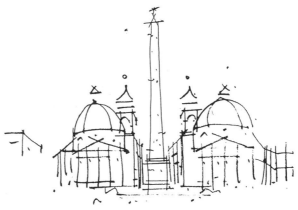

图 221 罗马人民广场草图

图 222 帕拉第奥，泽诺别墅立面图

图 223 洛可可烛台

93

盾的情况一样。巴洛克建筑的细部，如一系列都有壁柱的开间的尽端开间采用双壁柱就成为折射的手段，因为在结束一个序列时，它们产生了韵律的变化。这些折射方法大都用于肯定总体——因为纪念性牵涉到总体的有力表现以及某种规模，折射也成为一种纪念性手法了。

　　折射适于处理二元并列这一困难的总体以及比较容易的复杂总体。它是解决二元难题的一种方法。人民广场上孪生教堂上的折射塔的二元问题，不言而喻地表明总体构图中心处在一分为二的科尔索城的空间中而得以解决。雷恩的格林尼治的皇家医院（图227）与前例相似，由位置不对称的两个圆拱顶的折射解决了皇后之屋(Queen's House)两侧的巨大体量的二元并列。它们的折射进一步加强了这一缩小了的建筑的居中地位和重要性。另一方面，没有解决二元问题的沿河尽端楼房，反而由它们自己的不统一而加强了中轴线的统一性。

　　法国教堂后面的圆室不同于英国哥特式唱诗班席位的突然中止，因为它是以折射作为结束和加强总体的。在图卢兹(Toulouse)的雅各宾斯教堂(图228)后面圆室的折射，意在解决中殿坐席被一排柱子平分所产生的二元问题。宾夕法尼亚大学弗内斯图书馆的半圆形后部，以类似的方法解决了由两片相对的拱墙产生的二元问题。哥特式末期，在丁戈尔芬(Dingolfing)一座厅式教区教堂内（图229），一根柱子平分尽端的中殿，但由上面复杂的拱顶演变而来的中央开间与后面的窗子并列，解决了原来的二元问题。在里梅拉(Rimella)一座教区教堂中（图230），中殿侧墙导向性的折射抵消了中殿两开间不统一的效果。它们的折向中心，加强了围护感和总体感。小的中间一跨也与大间结合在一起了。

　　勒琴斯的作品中二元并列的实例很多。例如兰贝城堡（图231）大门入口立面的二元问题是通过并列的花园围墙上开口的折射形式来解决的。在当代建筑中莫雷蒂设计的Parioli区的公寓（图10）上的旧式断裂山尖是罕见的折射实例。它们部分

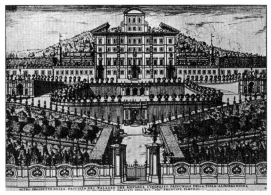

图224　德拉波尔塔和多梅尼基诺，阿尔多布兰迪尼别墅透视图，弗拉斯卡蒂

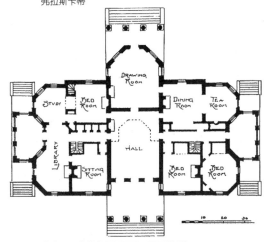

图225　杰斐逊，蒙蒂塞洛平面图，夏洛茨维尔

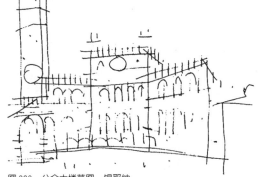

图226　公众大楼草图，锡耶纳

94

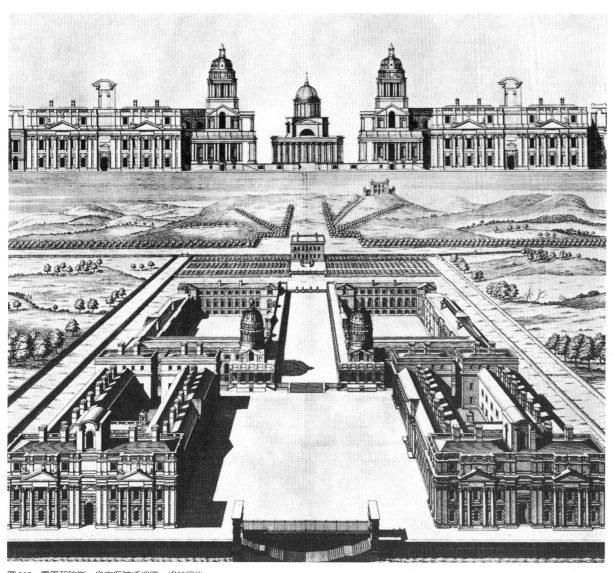

图 228 雅各宾斯教堂平面图，
图卢兹

图 227 雷恩和琼斯，皇家医院透视图，格林尼治

95

地解决了区分成套公寓的两翼的二元问题。赖特设计的统一教堂(Unity Temple，图232)，巧妙地平衡了二元并列，除了导向性的入口台座以外，没有折射。

现代建筑在所有尺度上拒绝使用折射。在密斯的图根哈特住宅(Tugendhat House)中，折射的柱头没有向柱子形成的纯粹性让步，尽管从而不得不忽视屋面支点上的剪力。墙体既不是由底座也不是由檐口折射，更不是由结构加固件如转角上的隅石块等折射。密斯的楼房像希腊神庙一样是独立的；赖特的住宅的各翼互相依存，互相咬接，但是不独立、不折射。但是，赖特在把郊区建筑建于它们特定的用地上时，已经认识到了整栋建筑的折射了。例如，流水别墅，没有它四周的环境，就不会那么完美——这是构成更大总体的自然环境的一个片断。没有这一环境，这座建筑就毫无意义。

如果折射能在许多尺度上出现（从建筑的细部至整栋建筑），就能产生程度不同的强度。一般程度的折射有一种确认整体的含蓄的连续性。折射极强就变成连续。今天我们强调要表现结构和材料——如焊接、外皮结构和钢筋混凝土——的连续性。除了现代建筑早期的平缝外，含蓄连续性的表现很少。密斯的影缝有意夸大分离。特别是赖特，在材料更换时改变外观来接缝——有机建筑中材料性质的一种表现形式。但在表现连续与结构和材料确实不连续之间出现相反的形式却成了小萨里宁宾夕法尼亚大学学生宿舍立面的一大特点。在剖面中，连续的曲线无视材料、结构和用途的改变，秘鲁马丘比丘(Machu Picchu)精确砌筑的墙体（图233），以相同的外形连续于装配的有接缝的石墙与原地石块之间。勒杜在布尔讷维尔设计的拱形入口（图58），有两种跨越结构（托梁式和拱式）与两种材料（上部为粗石，下部为细石）。相似的矛盾出现在洛可可的家具中，带旋转的弯腿（图234）把接缝暗藏在形式和装饰中以表现其连续性。弯腿和座架上连续不断的槽或沟表示一种非折射的连续性，多少和这些分开的构架要素的材料和结构关系相矛盾。普遍存在的花草曲线装饰是洛可可建筑和家具中表现连续

图229　教区教堂，西德，丁戈尔芬

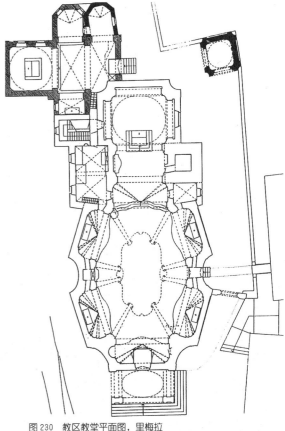

图230　教区教堂平面图，里梅拉

96

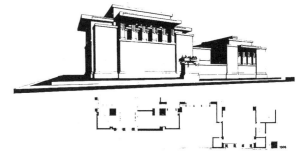

图 232　赖特，统一教堂平面图和立面图，橡树园

图 231　勒琴斯，兰贝城堡，爱尔兰

性的另一种常用手法。

赖特某些早期的建筑室内(图235),其木条母题与以花草曲线装饰的洛可可室内(图236)并无二致。在统一教堂和埃文斯住宅(图235)中,这些木条用作家具、墙、顶棚、灯具和窗棂,其花纹图案还在地毯上重复使用。如在洛可可建筑中,连续的母题用于建立强大的总体,以表现赖特所说的可塑性。为了实现有效的表达,他采用一种含蓄的连续性方法,然而与他对材料性质的信条和他痛恨洛可可的说法互相矛盾。

另一方面,复杂和矛盾的建筑认同不连续表现形式给人以某种结构连续的假象。在摩德纳(Modena)教堂(图237)中的唱诗班屏幕,有一不折射的构件,在视觉上表现为不稳定地支撑另一构件。或像伦敦玛格丽特街全圣教堂不折射的两翼硬靠在老教堂上一样,形式是不连续而结构是连续的。索恩设计的兰利公园大门(Langley Park,图238),由三个完全不折射的和独立的建筑构件组成。除中间构件外,是两个折射的雕刻构件把三部分统一起来。

多立克柱式(图239)在表现形式和结构的连续与不连续两极之间,构成了复杂的平衡。额枋、柱头和柱身在结构上并不连续,但仅仅表现为部分不连续。额枋坐在柱头上由不折射的顶板来表达。但顶板下拇指圆饰与柱身的关系表明结构的连续,这与连续性表达形式是一致的。小萨里宁的环球航空公司候机楼和弗雷德里克·基斯勒(Frederick Kiesler)的无尽之宅(Endless House)的水平和垂直构件,没有结构矛盾:它们到处连续。但装配的预制混凝土使结构和表现两者都成为连续和不连续模棱两可的结合。费城警察行政大楼(Police Administration Building)的面层以影缝的方式表示预制构件的分块,但预制构件弯曲的折射变成连续的外表——是建筑结构和表现所固有的连续与不连续的自相矛盾的反映。

在槙文彦的"组合形式"中,含有一种固有的连续或折射。这一建筑群中的第三类形式被他称为"集体形式",包括有它

图233 墙,秘鲁,马丘比丘

图235 赖特,埃文斯住宅,芝加哥

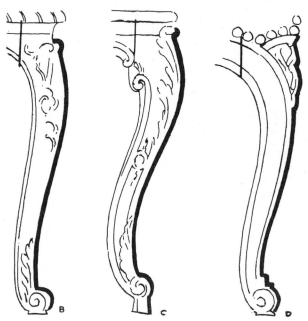

图234 带旋转的弯腿的素描

图 236 居维利埃，尼姆芬堡宫，阿马林堡厅，慕尼黑附近

图 238 索恩，兰利公园大门，诺福克

图 237 摩德纳教堂

们自身"联系"的"一般性"部件以及体系与单元相结合的总体。他还指出集体形式的其他特点是指某些建筑折射的牵连。基本部件的一致性及其有顺序的关系，确保及时的发展成长、一致的人性尺度和对建筑群体特定地形的敏感。

"组合形式"与槙文彦的其他基本类型——"巨大形式"——有所不同。由部件的等级关系而非部件固有的折射性质为主构成的总体也可以是群体建筑的一个特点。多层意义的建筑包含着等级关系。它包括形体的形体——多个不同强度的法则的相互关系构成一个复合总体。在 Spitalfields 耶稣教堂的平面（图240）中，是支柱顺序的法则——高、低、中、大、小、中——构成了有等级的总体，或如帕拉第奥的宫殿立面（图48）是由部件的并列毗邻（壁柱、窗户和线脚）和大、小及相对重要的对比引导眼睛去看总体的。

占支配地位的联结体是部件等级关系中的另一种表现形式。它以不变的形式（柱式的主题）及其统治地位表现自己。要建立这个整体并不困难。但对矛盾的建筑而言，它像大雪覆盖杂乱的大地一样，称它为万灵药是大可怀疑的。在中世纪时期就城镇的规模而言占统治地位的要素是城墙或城堡。巴洛克时期是街道轴线为主，小街里弄为次。（巴黎大街的轴线，以房檐高度为准，罗马街道的轴线，七弯八扭，并不时以方尖塔的广场相连。）在巴洛克规划中，有轴线的联结体反映专制政府的规划要求，很容易排斥今天必须考虑的要素。干线交通应是当代城市规划中占统治地位的要素。事实上，在计划中不变的联结体大都以交通为代表，在建造中不变的联结体则经常是结构的主要柱式。干线交通是康的高架道路和丹下为东京规划集体形式的一种重要方法。占支配地位的联结体为整修翻新提供了方便。詹姆斯·阿克曼认为米开朗基罗在设计基本上属于早期整修工程的圣彼得教堂时，喜欢"在平面和立面中强调对角构件的对称并列"。由于采用了对角厚墙，把十字形平面的两翼联成一体，才使米开朗基罗的圣彼得教堂具有早期设计中缺少的统一性。[48]

占支配地位的联结体作为联结二元的第三要素，在解决二元困难时要比用折射的方法容易得多。例如，佛罗伦萨的文艺复兴式宫殿上的双窗，可用大拱明确地予以解决。富加设计的圣安东尼奥与圣布里吉达（S. Antonio and S. Brigida）教堂的立面（图241）是用折射的断裂山尖——还有第三个高耸居中的装饰要素来解决的。同样，比萨（Pisa）的 S. Maria della Spina 教堂（图242）是以第三个山尖加以支配的。瓜里尼在都灵修建的圣母无原罪主教座堂的平面（图14）中，两个圆拱顶开间，在形状上互相折射，但还以中部小开间相联，解决二元并列问题。沙勒瓦勒（Charleval）城堡立面居中的装饰性山尖（图243）也是占支配地位的第三个要素，与基耶蒂（Chieti）附近的农舍（图244）山墙及其前面的楼梯踏步相像——从这点看，和弗吉尼亚州的斯特拉特福德府邸（Stratford Hall，图245）入口的楼梯踏步的功能相似。兰特别墅（Villa Lante，图246）的建筑构图没有折射，但两栋相同的楼房之间一条轴线上立有的一座雕像，正好落在交叉轴线上，成为支配孪生楼的第三要素，从而强调了整体性。

但是，一种等级关系更为模糊的不折射的部件，产生了更为困难的整体感觉，这种整体是由部件以均等的方式组成。均等组合的概念与两者兼顾的现象有关，有不少例子适用这两种概念，两者兼顾较具体地是指建筑中的矛盾，而均等组合更多地是指统一。采用均等组合的整体并不依赖折射、与占支配地位的联结体的较好关系或主题的始终如一。例如罗马庇护门（图110，图111），在门和墙的建筑构图中，每一种要素的数目几乎完全相等——没有一个要素占支配地位。形状的种类（矩形、方形、三角形、弓形、圆形）也几乎相等，还排斥突出任何一种形状。方向的种类（垂直的、水平的、对角的、曲线的）效果也一样。在要素的大小上，也有相似的多样性。部件的均等组合是通过重叠和对称而不是用统治和等级的方法构成整体的。

沙利文建在艾奥瓦格林内尔的国家商业银行大门上方的窗

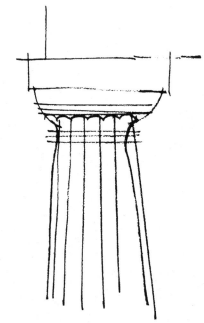

图239 多立克柱式草图

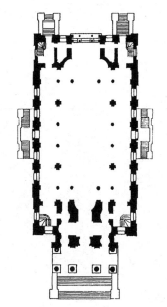

图240 霍克斯莫尔，耶稣教堂平面图，Spitalfields

图 241　富加，圣安东尼奥与圣布里吉达教堂的立面草图

图 242　S. Maria della Spina 教堂，比萨

图 245　斯特拉特福德府邸，弗吉尼亚州，威斯特摩兰

子(图112)，以同等数目和同样大小的圆形、方形和钻石形框框互相并列，几乎和庇护门完全一样。分析他用在哥伦比亚银行立面上的各种不同组合的数目(包括一个、二个和三个部件的构件组)在构图中几乎具有同等的价值。但是，这里的统一是以水平层次关系而不是以重叠为基础的。他建在芝加哥的大礼堂(图104)，发展了只有这一设计才能产生的方向和韵律的复杂性。简洁的半圆形墙面装饰、结构和弓形顶棚的灯槽，在平面和剖面中以相反的方向作用于戏台口、成排的坐椅、挑台斜坡、包厢以及柱子托梁的复杂曲线。这些构件又依次与成直角关系的顶棚、墙体和柱子互相配合。

图 243　迪塞尔索，沙勒瓦勒城堡立面图

从沙利文的作品有很多模棱两可之处(至少其设计比摩天大楼更为复杂)可以看出他与赖特的另一个不同点。赖特很少表现均等组合中的内在矛盾。相反，他把大小、形状问题按母

图 244　农舍，基耶蒂附近

图 246　维尼奥拉，兰特别墅，Bagnaia，平面图

101

题法则一起解决——单个主导的母题法则：圆、直角或对角。施密特住宅设计的母题法则是不变的三角形，拉尔夫·杰斯特住宅(Ralph Jester House)的是圆形，保罗·汉纳住宅(Paul Hanna House)的是六角形。

阿尔托在沃尔夫斯堡文化中心(图78)的设计中，采用均等组合的方法取得整体效果。他既不分散部件也不像密斯在伊利诺伊理工学院的所作所为。我已提过：他采用几乎同等数目的对角和直角构件，形成一个整体。米兰S. Maria delle Grazie教堂(图247)，在外部的建筑构图中采用截然相反的形状以均等组合的方式构成一个极端的形式。前部以三角与直角为主，后部以方与圆为主，两种建筑构图相结合。米凯卢奇的Autostrada教堂(图4)与耶路撒冷的圣墓教堂(图101)一样，几乎全由不同方向不同韵律的圆柱、方柱、墙和屋顶加以均等组合而成。类似的建筑构图有柏林爱乐音乐厅(Berlin Philharmonic Hall，图248)。地中海建筑(图249)土生土长的塑性形式，构造朴素，但直角、对角、扇形的结合毫不含糊。高迪在格尔住宅中的梳妆台(图250)代表一种无节制的不同形式的二元组合：极端的折射和连续与强烈的毗邻和断裂相结合，复杂和简单的曲线相结合，直角与对角相结合，不同的材料相结合，对称与不对称相结合，是为了在一个整体中容纳多种功能。在家具的领域内，流行的模糊意识，表现在椅子(图103)中。其背面的形体是弯曲的，正面是直角的。这与阿尔托的弯木扶手椅(图251)的困难构图极其相似。

对立建筑的固有特征是兼容的整体性。伊马特拉教堂的室内统一或沃尔夫斯堡文化中心的复杂不是通过压制或排斥，而是通过戏剧性的兼容矛盾的或权宜的部件组成。阿尔托的建筑承认设计条件的困难和难以捉摸。而另一方面，"宁静"的建筑，却走向简单化。

然而，在复杂和矛盾的建筑中，对整体的责任并不排除建筑有无法解决的困难。诗人和剧作家承认有无法解决的难题。正是由于问题的确实和意义的生动才使他们的作品成为超越哲学的艺术。做诗的目标常把体裁的完美统一放在解决内容之上。现代雕刻通常是一个片断，今天比起米开朗基罗的早期作品，我们更欣赏他未完成的《Pietàs》(圣母哀痛地抱着基督尸体的雕刻——译者注)，是因为其中内容已被提出，表达更为直接，形式比本身还要完美的缘故。一座建筑也多少可以在设计和形式上表现得不够完美。

例如，像博韦(Beauvais)这座哥特式教堂，只建成了巨大的唱诗班席位，对设计来说它没有完成，然而对形式的效果来说是完成了，因为它的许多部分的主题始终未变。复杂的设计计划是一种随时间不断变化和成长的过程，然而在某个层次的各个阶段都与总体相关，应被认为是城市规划范围内的基本因素。未完成的设计计划对复杂的单栋建筑也是一样。

然而，人民广场上每一座片断的孪生教堂，在设计意图方面是完成了，在形式的表达上却没有完成。据我们所知，这一独特且对称布置的塔楼，把每栋建筑都折向它本身以外的大总体。这一极为复杂的建筑，并未完成形式开放，它本身却与槙文彦的"组合形式"相关；它是"完整的单栋建筑"[49]或称封闭的楼阁的对立面。作为大范围内大总体的一个片断，这种建筑再次与城市规划范围相关，成为增进复杂总体统一性的一种方法。能同时承认矛盾层次存在的建筑，应能允许自相矛盾的整体片断：一栋建筑在一个层次上是总体，在另一个层次上是大总体的片断。

彼得·布莱克在他所著《上帝自己的废物场》一书中把商业大街的杂乱与弗吉尼亚大学(图252、图253)的整洁作了比较。除比较内容的不切题外，难道大街不是很好么？当然，沿66号公路的商业带不是也很好么？我说过，我们的问题是：如何稍稍改变一下环境就能使它们都很好呢？也许符号越多越能控制。《上帝自己的废物场》一书中的图片，把时代广场和公路小镇与新英格兰村庄和带柱廊的农村作了比较。但书中原来认为不好的图片，却通常都是好的。看来像是杂乱并列的低级酒吧间和下等夜总会，却表达一种富有活力、行之有效、引人

图247 伯拉孟特和索拉里，S. Maria delle Grazie教堂，米兰

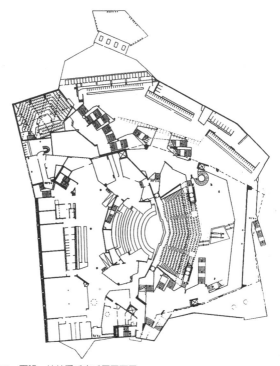

图248 夏隆，柏林爱乐音乐厅平面图

图249 那不勒斯建筑

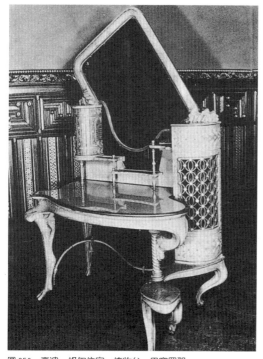

图250 高迪，格尔住宅，梳妆台，巴塞罗那

入胜的建筑。它们也是产生统一的一种意外方法。

　　的确，像这种嘲弄般的解释，部分是由于照片形式的主题事物尺度上的变化及照片框架内的背景变化。但在某些构图中有一种固有的统一性，来自表面现象。这明显而容易的统一不是来自占支配地位的联结体或以较简单而少矛盾的构图的母题法则，而是来自困难整体的复杂而虚幻的法则。这包括对位关系、均等组合、片断反射和承认的二元并列等严谨的构图。正是统一"保持但仅保持对形成统一的各冲突部分的控制。紊乱是很容易产生的，其容易而非其避免，能产生……力量。"[50]在健康复杂的建筑或城市景观中，人们的眼睛在一个整体中寻找统一，并不需要太容易或太快地得到满足。

　　波普艺术某些生动的经验教训，其中包括尺度和背景的矛

图251 阿尔托，弯木和金属扶手椅，1929～1933.年

图252　杰斐逊，弗吉尼亚大学，夏洛茨维尔

盾，理应把建筑师从纯粹法则的幻梦中唤醒过来。遗憾的是，这种幻梦在现代建筑体制下的城市重建规划中受格式塔心理学容易统一的欺骗，然而让人庆幸的是，它们不可能真正取得任何重大成就。也许从粗俗且为人所不屑的日常景观中我们能吸取生动而有力的、复杂和矛盾的法则，把我们的建筑变成一个文明的整体。

图 253　典型的大街，美国

第十一章 作品

1. 皮尔逊住宅设计方案，宾夕法尼亚州栗子山，文丘里，1957 年。(图 254~图 259)

这是 1957 年设计的一座住宅。在我的作品中这是表现多层围护这一设想少有的方案之一，因为层层围护要有规模上的设计要求，而我迄今尚无机会对其加以探索。它牵涉到物中物、物后物的问题。它探索了在平面中一系列平行墙体的内外之间，以及在剖面中用对角框架支撑的敞开的内部拱顶中有关不同空间层次的设想；探索外廊方柱支撑的洞口、上下窗户以及内部拱顶上塔尖之间对位而有节奏的并列的设想；以及探索以特定的形状和功能的服务空间隔开的一系列形状普通、功能不确定的成套空间等设想。

图 255

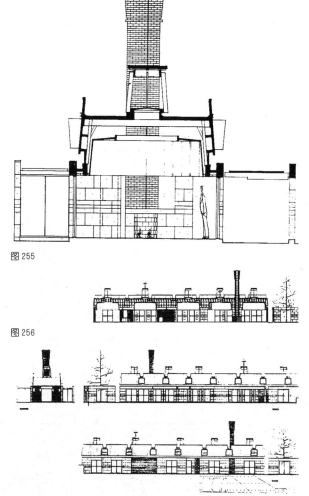

图 256

图 257

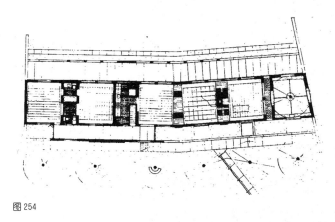

图 254

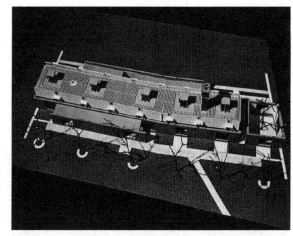

图 258

图 259

2. 詹姆斯·B.杜克大楼整修项目，纽约大学美术学院，文丘里、科普与利平科特联合建筑师事务所，1959年。（图260～图264）

这栋坐落于纽约市北第五大街的大楼是捐赠给美术学院作为艺术历史研究院用的。它于1912年由霍勒斯·特拉姆鲍尔(Horace Trumbauer)设计，室内则由阿拉瓦纳(Alavoine)设计。这栋大楼的外部是依照波尔多（法国西岸港市——译者注）的Labottière旅馆建造的，不过它把比例放大，把大小扩展了——一座有着路易十四世的比例、路易十六世的建筑。它的爱德华七世-路易十六世的细部内外都非常精致。

我们尽少从室内入手，通过对比并列，使新旧之间取得协调：将新旧层次之间的连接分开，通过在原有建筑室内添加要素而不是改变要素以产生变化，考虑新的家具而不触动建筑，以及采用布置不凡的普通和标准的家具和设备。这些要素包括弯木扶手椅、钢制书架［雷明顿·兰德 (Reminton Rand) 设计］，其直角几何形式靠在墙上，但用特制的黄铜支架离墙滑动，躲开墙上线脚，并为支柱离地特别设计了支腿。

图 260

图 261

图 262

图 263

图 264

3. 海滨住宅设计方案,文丘里,1959年。(图265～图271)

这是一座周末小屋,建在海滩的沙丘中,面向海洋景观。室内只有最简朴的生活设施,因为住户希望大多数时间呆在海边。小屋有一个面向大海的小平台,还有从烟囱旁小梯和活动门可到的屋顶上敞开的观景楼。

墙用轻型木骨架结构。屋顶是用斜钉钉牢的木板,为整栋建筑提供一层外皮的同时又是一个半框架结构。例外的情况出现于反向高窗和跨度很大的正面洞口上,那里有权宜的框架结构:一根立柱和几根大梁。这一出现在房屋中央的例外,促使整个表皮结构更加明显。(地板搁在木桩和大梁上。)

在形式表现上,这座小屋只有两个立面:朝向大海的正面和小屋入口的背面。可以说小屋没有侧面;而且正面与后面不同以表明朝向大海景观的方向性折射。背面中部的壁炉烟囱是对角墙的焦点。对角墙原先对称地放射,以构成内部空间。因为这些平面和立面中复杂的构造,屋顶形式既有回坡的又有两坡的,它原来的对称形式由于室内的变化要求及室外朝向和景观的需要,在房屋两端变得歪扭了。在尖角的一端,外部空间表现要求"没有侧面"面向海洋景观的房屋,从而支配了在内部设置沐浴室的次要空间需求。

整个外墙面采用天然的松木盖板。屋顶与墙面交接处尽量少用封檐板,以使两者看来更加连续。墙端搭接的鱼鳞板做成墙裙遮挡柱桩。窗口和廊口是在连续的表皮墙上开挖的不同洞口。在窗外和廊子里看室内墙面,都是刷不同油漆的板墙,很像帽子的衬里。所有被开挖的洞口向下的部分都被刷以不同颜色的油漆。木板从不接触烟囱及其扶壁。扶壁在接近底部时分开,变成敞开的入口门厅。

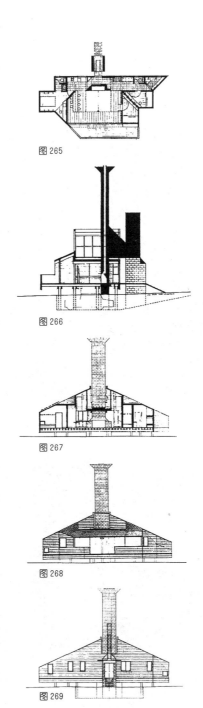

图265

图266

图267

图268

图269

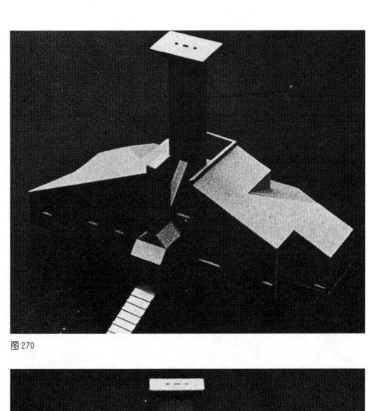

图270

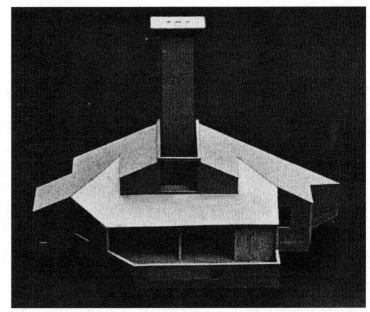

图271

4. 北宾州访问护士学会总部，文丘里与肖特，1960 年。
（图272～图277）

这座有传统结构的小建筑，受着经济的支配。在周围都是大建筑的环境中，似乎相应地修建一座尺度较大而形式简朴的建筑为好。但是，设计计划要求设计一个复杂的内部，具有各种各样的空间和特殊的储藏设备。在陡坡上停放五辆工作人员车辆的停车场促使需要在门前设置一个由挡土墙围成的回车场。室外踏步最少的行人入口也要求建筑沿街进行布置。

结果建筑成为一座既简单又复杂的歪扭的盒子。因为建筑与回车场位置上相近，面积上又相似，它们成为二元并列。建筑采用房尖作为折射指向回车场以解决二元并列的矛盾。这一歪扭的盒子般的建筑同时通过与对面弯曲的围墙结合形成一个更为对称的回车场，使它独立于建筑之外而加强了二元并列。从这点看，该建筑的雕刻性比建筑性强。室外空间主宰室内空间，故设计是从外到内。产生的"不便使用的"室内空间，成为附属的牙科照相暗室。

歪扭在二元并列的外部也起作用：基本是矩形的回车场上微微弯曲的挡土墙抵挡后面的土压力。在靠城边用地上因东墙平行于建筑红线而使建筑盒子更加歪扭了。原来平整的外表面也是歪扭的。正面窗户往里凹进，使整块挑檐朝南。它们与沿着平行于屋盖构架的墙面布置的室内储藏间结合在一起。

窗户的刻痕很大，但是为数不多，有时连在一起，有时又退后，使这座小建筑的尺度变大了。室外下层窗子四周加了凸出的边框使尺度变大——这里是用木制线脚，以调节室内外之间的尺度矛盾。立面上排列交错的窗户及洞口也抵消了盒子的简单。窗户并不是随意安排的，而是在原来规整而匀称的基础上根据室内复杂环境错开布置的。

回车场一侧的楼梯中间休息平台作为入口，同样是构图复杂、尺度宏伟。它几乎是用同样大小的矩形的、对角的、弓形的构件并列组成，一如某些文艺复兴式的大门。整个门洞的直

角形状出自建筑的木质块材和板材结构。相反，拱门并非来自材料的自然属性和其木制框架的结构，而是来自其作为入口的象征性。更为重要的是作为对一般构图法则的偶然意外，它变成一个焦点。斜撑是权宜手段，也同样重要：它们顶住中间的大梁使它支撑洞口上大跨度的屋盖板，它们与正面大窗前支撑洞口的和在位置上与建筑直角构图更为相似的直柱不同。这一大拱门，适合一座公共建筑的尺度，与成人比例的有遮盖的大门并列。这里有尺度上以及形式上的并列共处。

至于室内设计的复杂性，储藏室的错综复杂可从正面壁柜与窗户后退间的布置中得到证明。另一表现形式是大厅中的对角墙——另一权宜的歪扭，以适应挤压在不灵活的围护内的设计要求的复杂性。

不一致的地面和屋面结构也同样是为了适应不灵活的承重外墙。一楼地板的前部是双向钢筋混凝土板，以适应不规则的内部承重墙。其余的钢木搁栅，以不同的方式平行于含有窗户储存组合的外墙。这里像入口门洞一样，以木板覆盖，使洞口和窗户直接与薄檐口相连，让盒子看来更为抽象。我已提到权宜的立柱和斜撑，是用作覆盖跨度特长的面层结构的。

为了强调面层的薄和反驳盒子形式的塑性，抹灰面层以最少的转角依靠木质面层的窗侧作了细部处理。我不是通过空间的连续而是随机歪扭，"毁坏了盒子"。

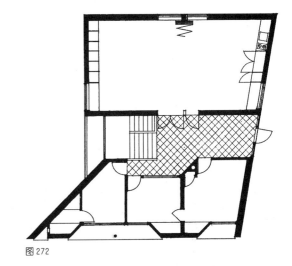

图272

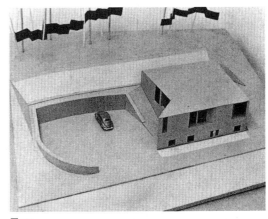

图273

图 274

图 275

图 276

图 277

5.罗斯福纪念碑设计竞赛方案,文丘里、洛奇、乔治·巴顿与尼古拉斯·贾诺普洛斯,1960年。(图278～图283)

这是一座有定向性的堤埂,对照并烘托周围原有的三座重要的华盛顿纪念性建筑(林肯纪念堂、杰斐逊纪念堂和华盛顿纪念碑——译者注)的白色雕刻形式。它不是停车场旁的第四座雕刻形式建筑,而是一举数得的一座建筑:它是一座开放的波托马克(Potomac)河边的白色大理石长廊,它一边利用河滨作步行道;它是一条完整的街道,容纳了游客的停车场,并由与周围开敞的大道形成对比的峡谷般的墙体围合。从另一边看它是绿色的土堤,是大片樱桃树的背景。河边垂直断面的复合曲线上设有多种多样的斜坡、踏步、通道和大片浮雕引人近看——然而由于它的极端连续性,无论是否已呈现,这一曲面,从远处看既雄伟壮观又清晰可见。从另一边看,剖面上的该连续曲面,根据视坡度的不同,分别铺草、覆土、藤本植物或作混凝土压顶。在这一开放的园地上,提供了多种多样的空间:紧凑的车道,亲切的步行道,开放的定向长廊,依次缀以绿树和坐椅等小元素。土堤中部直对华盛顿纪念碑留有一道视线豁口,上架行车小桥。

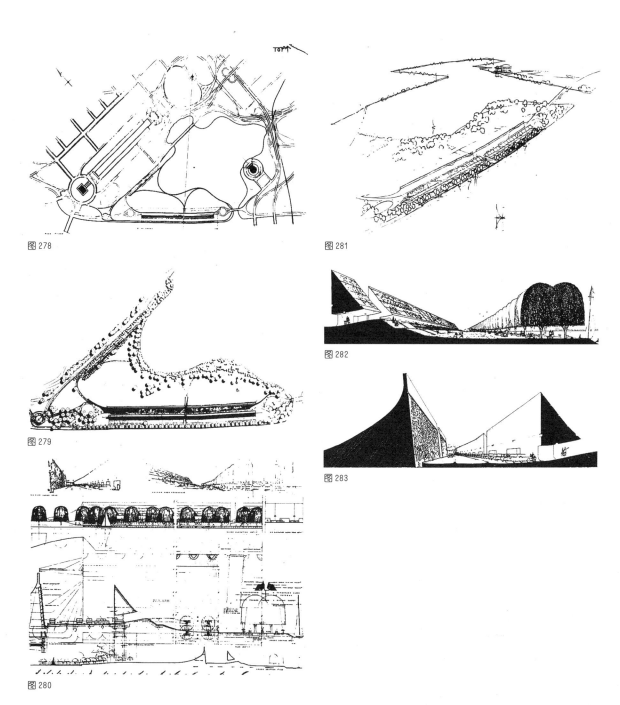

图278

图279

图280

图281

图282

图283

6. 餐馆整修，费城西部，文丘里与肖特，1962 年。（图 284～图 288）

这一餐馆设计包括整修两栋破旧的联排住宅.其底层曾作过商店门面.餐馆地处简朴场所，专供学生就餐.店主要求保持街区外早期建筑被大家亲切地称作"妈妈"的朴素风格，使学生"穿着T恤而感到舒适".预算的编制意在(最后也确实)与该地的简朴风格匹配。

无论对室内或是立面，我们都承认而不是掩饰原来中间承重分户墙布局所存在的二元问题.另一个设计的决定因素是另一面类似的承重墙，分隔着厨房和小配餐室.西边设置雅间，东边为厨房、配餐室、厕所、柜台和入口.入口门厅外是室内踏步，过渡到原餐馆底层较高的地坪.紧靠东头的是通往楼上公寓的前厅。

我们决定充分利用而不隐瞒节俭的预算，并保持场所的简朴风格，以蕃茄沙司瓶点缀桌面.我们意在全部采用传统的方法和构件，使一般的东西在新的环境中具有新的意义.这也是对今天流行的、典型超安全标准设计的"现代"设施的一种抵制.我们采用的主要灯具是大号白瓷R.L.M.型的——一种老式的既耐用又便宜的工业产品，在我们设计的环境中给人一种优美雅致感.托内(Thonet)弯木制的座椅，几乎也是无名产品，尽管现在也许变得时式了.雅座设计并非过低的、露头的、廉价的装潢式样，而是更为传统的高屏式，坐垫经济而舒适，有恰如其分的私密感.空调管道，为了经济，裸露在外，以创造偶然的功能性装饰，功能性装饰产生于过去房顶上裸露的机械吊扇.顶棚是吸声板.地面是着色混凝土和弹性瓷砖。

墙面装饰在雅座的护墙板上部的抹灰墙上采用极为廉价的喷漆，按传统镂空模板的字母拼缀店主的名字，长达整个餐厅.在敞开的厨房"窗子"上，直接反射并列着对面墙上的字母.这些不合逻辑的做法是强调印刷艺术有更多的装饰功能.巨型字母产生适合公共场所的尺度与统一性，并与多种桌椅和

雅座所难免的个人尺度形成对比.除字母外，横条可作为老式镶边，既区分又掩盖顶棚与墙体的接缝.室内色彩，顶棚用浅色，地面用中间色.墙的下半截[5ft (1.52m)的护墙]用中间色，上半截用浅色，继续二元并列的课题.色彩是次要的、欢快的，但有阳刚之气.室外招牌的色彩与室内的无关，因为室外与室内不同，它们是更为鲜艳的原色。

由于餐馆是由两栋住宅组成，新立面是一两个构件的并列——又是一种两元并列的游戏.这两座檐部几乎连续的联排房屋的上部楼层完全一样.这些楼层全部被漆成深灰色，尽量减弱二元的显露.这里的二元需要在一层把两大洞口中间的砖墩加以强调.除墙面涂深色外，其余一概未动.在两大洞口的框架内作了一个全新的变化的墙面处理——一边为凹进的入口，另一边为凸出的橱窗.这些差别进一步强调了底层门面的二元并列。

但只有二层的搪瓷招牌才能大胆结束原有建筑上同时起作用的二元和统一.招牌横跨整个面宽，起着统一的作用；然而色彩的区分——蓝在右，黄在左——突出了原来建筑的二元.在白塑料底子上连续挖空的字母，重新建立起横向的连续性。

同样吸引人们视线的是店面顶上既统一一同时又分裂的杯表标志.这一标志使招牌从二维变成三维，从而使平行于正面的过路人也能看到，这与从远处才能看到扁平部分的符号不同.杯形的叶瓣作为蓝黄两边的中间过渡，蓝黄相间地随着行人视线的改变而改变.夜间字母变为半透明的白光.在店主尚未改动招牌之前，杯形轮廓本应由霓虹灯勾划出来，大尺度的字母符合广告的功能要求.字母的区分，助长二元并列，引人注目而不去看广告了。

最后店主胜我们一筹，尽管他的改动模仿了我们的模仿作品。

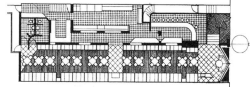

图 284

图 285

图 286

图 287

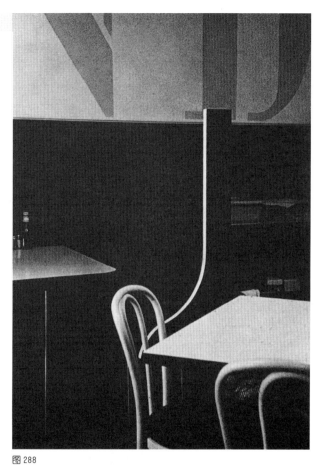

图 288

113

7. 米斯住宅设计，新泽西，普林斯顿，文丘里与肖特，1962年。(图289～图295)

这一普林斯顿住宅的建筑场地是一块很大的、平坦的转角用地,朝南面对一座旧马厩和高等研究院(Institute for Advanced Studies)的一块场地,其中还有几撮小树和一排苹果树。项目计划要求设计一间教授的大书房,要能方便地通向前门和他的小卧室,此外,还要求设计中等大小的房间之外,设计足够的特殊化储藏空间和一座室内游泳池。房主喜爱私密而阳光充足的内部。

第一方案的构图为二元并列。前部是很长的两坡屋顶,重叠在后部的单坡屋顶上。基本上前部包括入口、交通、储藏、服务、游泳池,遮挡后面的生活用房。前部楼上是两间客房,房主夫人有时将其中一间用作办公室。从正面可以看出这些独立的屋顶形式硬碰在一起,为后面单坡部分设置多种高窗创造了条件。

二元并列由周边解决,侧面尤为任重,它容纳前后两部,在这一层次上为构图的统一,作出了贡献。再则,在平面中面对长条平台的后墙窗户刻痕特别复杂——调节阳光或影响室内空间——与正面墙体的严肃形成鲜明的对比。正面墙体不规则的窗户与不同地过于对称的山尖立面取得平衡。正面的围墙是另一个重叠构件,车库的平面倾斜,突显出回车场,围墙和车库两者意味着围护。

业主不喜欢这一方案,因为他们认为长条平面有碍背面室外的私密性。因此,基本上为L形的平面中后墙演变而具有同样向阳、特别复杂的特点,与L形平面中正面墙体严谨而封闭的特点形成对比。然而,复杂的屋顶是互相合并而不是硬碰在一起。楼上的卧室、窗子和阳台从屋顶中开挖出来以免有损屋顶窗的连续性。但前门入口的一面坡屋顶,仍搭在其他的屋顶上,由此形成正面上的高窗,暗示背面的复杂。篱笆围成的杂务院,尽端变成锐角,强调正面墙一样的保护功能或形成L形平面的外墙。业主也不喜欢这一方案。

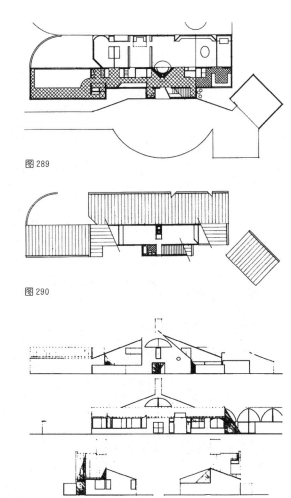

图289

图290

图291

图 292

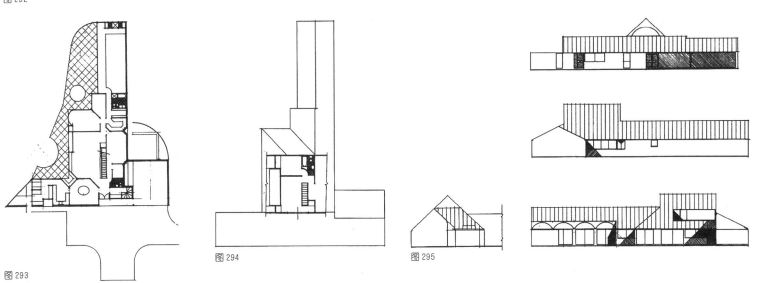

图 293

图 294

图 295

8.基尔特公寓,老人友好住宅,费城,文丘里-洛奇事务所,科普与利平科特联合建筑师事务所,1960~1963年。（图296～图304)

设计要求为愿留在老邻区居住的老人提供91套连带一间公共文娱室的各式公寓。当地分区限定建筑高度为6层。

这块小城的用地南朝春园大街(Spring Garden Street)。内部为了获得充足阳光和观看街道活动要求尽多的朝南、东南和西南的公寓——然而,该街道的城市面貌确定这栋建筑不会是一座独立的楼房而会响应街道立面的空间要求,结果产生了一座形状折射、正面与背面不同的建筑。正面在有公共房间坪台出现的前端与背面分开,借以强调街道立面老一套的作用。错综复杂的侧面,其精确的体形对室内空间要求比对室外空间要求更为敏感,它们适应对东南和西南的阳光、景观和下面公园空间的最大化需求。

内部空间由杂乱无章的隔墙界分,这满足了极为复杂和多变的公寓设计要求（例如与办公室的相反),而平板结构为不规则的隔断创造了条件。公寓的室内容积最大,走道空间最小。公共走廊是不规则的、多样的剩余空间而不是一条隧道。

经济实用的要求确定采用"传统的"而不用"先进的"建筑要素。我们对此并不反对。深棕色的砖墙加上双层悬挂窗,使人想起了传统的费城联排住宅甚至爱德华七世的公寓分租房屋的背面。因为它们细致的比例和较大的体形,其效果并非一般。改变这些大半陈旧的要素的尺度,使现在看来既传统同时又不传统的立面形式产生一种对立和高质量的面貌。

街道立面的中央露出一根磨光的黑色花岗石大圆柱。它适应并强调底层特殊的入口门洞并与街道立面小剖面图中高至二楼中部的白色瓷砖墙形成对比。这层楼的阳台栏杆和其他楼层的栏杆一样,全是镂空的钢板。但尽管材料上产生了变化,栏杆都被漆成白色而不是黑色,以便在这一面层上产生连续性的表面。顶层中间的窗户反映室内公共房间特殊的空间体形,并

与下面的入口相联系,加大了街道上和入口处的建筑尺度。它的拱形大窗口穿过端墙,留作窗洞,而不是框架中的孔隙。在这条中轴线顶上而不在建筑的其他等高线上竖立的电视天线,使中央立面地带尺度变化的这一轴线得以加强并表现了与阿内(Anet)[1]入口的相似的一种纪念性。表面镀金的天线有两层含意。抽象地带作为具有利波尔德(Lippold)[2]风格的雕刻和作为长时间观看电视的老年人的标志。

一片白砖墙面产生的装饰线与上排窗户矛盾地相交,但它终止了光板的立面。它还与正面下部白瓷砖面一起形成一个新且尺度较大的三层楼面,与层层窗子划分的其他较小尺度的六层楼面并列在一起。

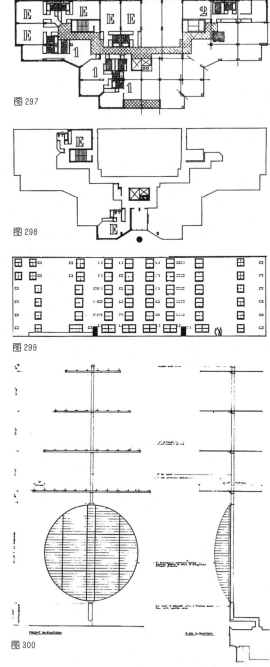

图297

图298

图299

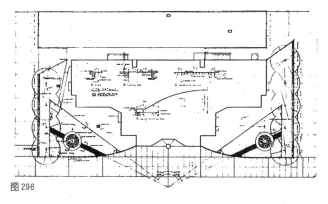

图296

图300

---

❶ 阿内是巴黎凡尔赛宫东面一小镇。——译者注
❷ 利波尔德名理查德,美国雕刻家,以金属丝拉紧成巨型雕塑作品著称。——译者注

图 301

图 303

图 302

图 304

117

9. 宾夕法尼亚州栗子山住宅，文丘里-洛奇事务所，1962年。（图305～图316）

这是一座承认建筑的复杂性和矛盾性的建筑：它既复杂又简单，既开敞又封闭，既大又小；它的某些构件在某一层次上是好的，在另一层次上却是不好的；它的法则是一般构件适应一般要求，偶然的构件适应特殊需要。采用中等数量的各种构件形成困难的统一，而不是采用很少或很多的机动构件取得容易的统一。

平面和剖面表明室内空间的形状和相互关系都很复杂而且歪扭。这是与住宅设计中固有的复杂性相对应并和适合个别住宅的新奇想法相适应的。另一方面，室外形式——如围护这些复杂和歪扭的女儿墙和双坡屋顶所示——简单而一致；它表明这座住宅的公共尺度。正面由传统的门、窗、烟囱和山墙等构件产生了一个几乎具有象征性的住宅形象。

然而，室内外之间的矛盾还不是它的全部：在内部，整个平面反映外部的对称一致；在外部，立面上的门窗洞孔反映内部偶然的歪扭。关于内部，平面原来是对称的，从垂直核心筒放射两道几乎对称的墙，把前部的两端空间与后部中间的主要空间分开。但是，又把这一几乎是帕拉第奥式的生硬而对称的布置加以歪扭，以适应空间的特殊需要：如右边的厨房，不同于左边的卧室。

一种更为极端的调整方法出现在核心筒内部。它有两个垂直构件互争中心地位：其一是壁炉烟囱，其二是楼梯。一个基本上是实的，另一个基本上是虚的。它们把各自的形状和位置加以调整——互相折射以形成核心筒的二元并列的统一。一边是壁炉及其烟囱歪扭形状并挪动些许；另一边是楼梯，因遇到烟囱，宽度突然变窄，踏步跟着偏歪。

在这一层次上，作为构图中心的核心筒起支配作用；但在其底层层次上，它成为一个由四周空间支配的剩余建筑构件。在起居室一边，其形状是矩形，与该处重要空间的重要

矩形柱式平行。向前，它由斜墙形成以适应入口空间作为从外部大洞口至内部入口大门的过渡的既重要又特殊的导向性需要。入口空间也在此争夺中心位置。楼梯作为一个处在其别扭而残余的空间中的单独构件，是不好的；但是，牵连到它在使用和空间等级中的地位时，它成为恰当地适应整个复杂和矛盾整体的一个片断，这样来看，它是好的。从另一观点看，它的形状也并非别扭：楼梯的底部可以作为坐息的地方，也便于起步，还可以放置准备带上楼的东西。这座楼梯像板房风格住宅的楼梯一样，需要较大底部以适应底层规模较大的要求。二楼的小"暗梯"同样别扭地迁就其核心筒的剩余空间：一方面，它不好找，设计古怪；另一方面，它像一部靠墙的梯子，可以借助它擦洗高窗、油刷天窗。这层楼梯与底层另一方向的楼梯在规模上的改变更加增强了彼此之间的对比。

建筑内部的复杂和歪扭反映在外部。在外墙上地点、大小和形状各不相同的窗子和洞孔以及偏离中心的烟囱与整个对称的外部形式相互矛盾：窗子在正面突出的入口门洞和烟囱高窗构件以及背面弧形窗的两侧互相平衡但它们是不对称的。在僵硬的外墙上部的凸出物，也反映内部的复杂性。前后墙都加了女儿墙以强调遮挡后面凸出的杂乱物的作用。除一个转角外，侧面窗子和廊子的凹进，使前后墙与它们顶部的女儿墙一样，强化了遮挡作用。

当我称这座住宅既开敞又封闭、既简单又复杂时，我指的是外墙的矛盾特性。第一，房后上部平台沿墙砌筑的女儿墙，强调水平围护，然而也表明其后上部平台及其上凸出的烟囱高窗部分的通敞。第二，墙在平面上的一致形状，强调僵硬的围护，然而大洞口经常靠近转角，又与围护产生矛盾。这种砌墙方法——为围护层层筑墙，为开敞又打开——生动地出现在正中央。这里外墙重叠在其他两面安入楼梯的墙上。三层墙分别与大小和位置各不相同的洞口并列。这里是分层空间而不是互相穿插空间。

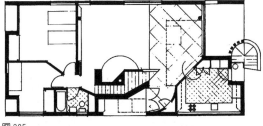

图305

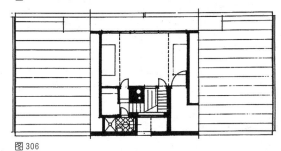

图306

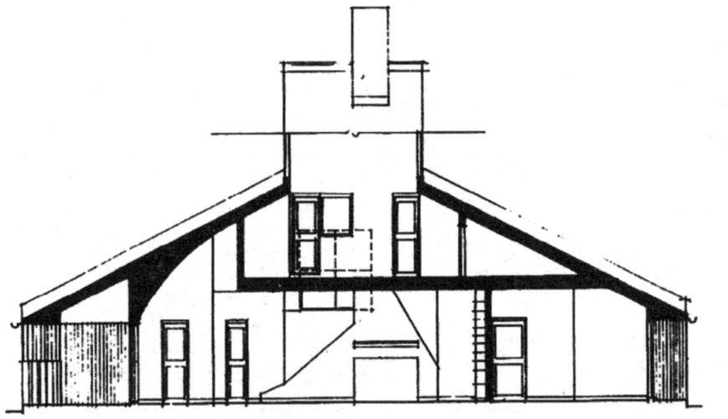

图307

当我说这座住宅既大又小时,我的意思是指这是一座大尺度的小房子。内部的构件都大:对房间的大小来说,壁炉太大,壁炉架太高;大门很宽,椅子扶手很高。室内大尺度的另一表现形式是空间分割最少——也是为了经济节约,平面布置把交通面积减至最小。外部表现大尺度的是主要构件,它们大而少,位置居中或对称,而且整体形式和轮廓都简单而一致。如上所述,背面的弧形窗尺寸大,形状和位置显著。正面入口门廊宽而高,并且居中。它的大尺度通过与其他尺度较小而形状相似的大门相比,相对于其大小的浅度,以及后面内部入口的权宜位置显得更加突出了。门上附加的木质线脚也加大了尺度。四周护墙,高于你所想象,也加大了建筑的尺度。这些线脚也以另一种方式影响着尺度:它们使抹灰墙更加抽象了,而通常由材料性质暗含的尺度,更加模糊不清和不明朗了。

追求大尺度的主要原因是为了平衡复杂性。在小房子上把复杂性与小尺度相结合意味着不和谐。像这里其他有组织的复杂的构图一样,在小建筑上用大尺度能对立平衡而不会摇摆不定——对立对这种建筑来说是适当的。

这座住宅建在一块平坦、开敞的内部用地上。地界四周围以树木和篱笆。房屋建在用地中央,像一座楼亭,附近没有树木。车道轴线与房屋中部垂直,在遇到位于街道路缘的下水渠时,偏向一边。

这座建筑的抽象构图,几乎同样地由直角、对角和曲线构件组合而成。直角构件涉及平面和剖面中各种空间确切占统治地位的法则。对角构件涉及入口的导向性空间,涉及首层严密围护中导向性与非导向性空间的特殊关系,还涉及屋顶的围护和排水功能。曲线构件涉及入口与室外楼梯导向性空间的需要;涉及与室外屋顶坡度矛盾的餐室平顶在剖面中空间性表现的需要;以及涉及由正立面上的线脚产生的入口及其大尺度的象征意义。在平面中特殊的一点是关于权宜的支柱,它与整个荷重墙结构完全不同。这些复杂的结合并不以排斥为基

图308

图309

图310

础——即以"少就是多"为基础,用少数母题零件构成容易的协调。相反,它们以兼容为基础并承认多样化的经验,用中等数量的不同零件建立困难的统一。

图 311

图 312

图 314

图 313

图 315

图 316

121

10.喷水池设计竞赛,费尔芒特公园协会,费城,文丘里-洛奇事务所,丹尼丝·斯科特·布朗,1964年。(图317~图322)

这一喷水池将设在富兰克林大道尽端市政厅前一块开放的城市街区中,这是城市中心方格形平面中的一块普通街区,并被当地交通量很大的街道所包围。在街区远处,除沿大道轴线两边外,都是些杂乱的高层办公楼。近乎方形的街区内部,保留了原有的叫做"问询处"的一座圆亭。景观和铺地的布置,包括直径约90ft(27.43m)的喷水池本身,都是竞赛设计的规定。富兰克林大道是条林阴大道,长达1mile(1609.34m),与城市的常规方形街区对角相交。它将市政厅和两旁的艺术博物馆(Art Museum)和费尔芒特公园(Fairmount Park)相连。

从另一角度看,喷水池可以当作公园向城市中心的伸展,因为它使绿树与公园相连,而且属于费尔芒特公园委员会(Fairmount Park Commission)的法定管辖范围。富兰克林大道作为通向城市中心的一个重要交通路线,以市政厅显著的建筑形式作焦点——观看喷水池的场所。市政厅颜色浅,体量和尺度大,轮廓和图案缀有花饰。这些空间、形式、尺度和交通构成了喷水池的背景,很大程度上决定了喷水池的形式。

喷水池的外形高大醒目,以便在高大建筑和杂乱空间的背景下从距离较远的大道上得以看清。它的弹性形状、曲线轮廓和平整的表面也与四周建筑复杂的直角构图形成鲜明的对比,虽然它们与市政厅某些曼莎德屋顶形式有点相似。这并不意味着是这一座只有靠近或从交通堵塞时的汽车中才能看清的过分雕琢而又怪诞的巴洛克喷水池。

但水本身的动作以及周围环境,决定以雕刻的形式作为它的特色。喷水的尺度与雕刻的尺度是相称的:水柱喷高60ft(18.29m),与雕刻尺度和大道轴线结合考虑,不断喷出的水花以雕刻形式凹进内面遮挡盛风的吹打。雕刻朝向大道的一边是打开的,喷水由围护的暗色背境衬托出来。在广场的大多数地

方能清楚地听到大喷水柱在雾气腾腾、长满青苔的人工洞穴中发出的潺潺混响。巨大的铝罩与老式油灯的防止火被吹灭的玻璃罩相似。

如果雕刻的内表面的凹进是适应大量的喷水,外表面的凸出则是适应外部小量的喷水,这是从顶部附近回堰中流出的一层薄水,沿外表面不断往下流淌直至下部边缘,然后滴入池中。隔着一层水帘,可以窥见"此处开始为费尔芒特公园"的铭文。这一瀑布和它后面底座斜面上抛光而拉长的字母,是结合广场四周的个人步行尺度和引人产生兴趣的要求而进行设计的。

纪念物上的字体是传统的。铭文表明世界最大的都市公园戏剧性地插入城市中心。从建筑物的正立面看,铭文凑巧出现"此处停车"字样。在地下车库上建造这样一座纪念物是最好不过了。

中央喷水柱用隐藏在底部的石英灯照射。冬天停止喷水时则用白炽灯透过琥珀色镜片以金黄色的光芒照射结构中间杂乱而多角的内部。这样中央空间就暗而无光了。成角度的底部,也以白炽灯透过琥珀镜片强力照射。该连续的底部与上面隐隐呈现的昏暗体形构成鲜明对比,并以近距离照亮了铭文。

材料采用轻金属铝以减轻地下车库跨度上的荷重。表面喷沙打毛,变成深而无光泽的暖灰色面层。铝板是焊接的,但接缝并不磨光。结构采用外皮结构,内部用轻质、可弯曲的钢板(本身变成Z字形截面),既作内外轮廓矛盾的间隔,又作整体支撑,一如胶合纸板截面中的波纹瓦楞。内部钢板是尖角形的,与外部曲面焊接点互相接牢。这一空腔的正背两面都暴露在围护结构的开口处。在下部钢板,为了便于维修,挖了一系列竖向人孔。这些处理产生了一个与整个纪念性尺度起着对比作用的尺度。

这座喷水池的尺度既大又小,结构既是雕刻又是建筑,它的背景既相似又不同,它的形式既有导向又无导向,既是曲线的又是多角形的,它的设计是从内到外,又从外到内。

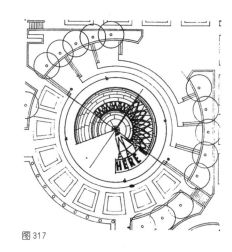

图317

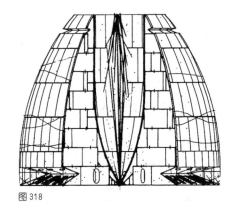

图318

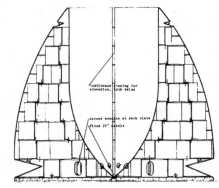

图319

图 320

图 321

图 322

11. 俄亥俄州一镇的三座建筑，文丘里-洛奇事务所，1965年。（图323～图347）

俄亥俄州一个镇上的这三座建筑分别是市政厅、青年会（Y.M.C.A）和公共图书馆（或可说是对一座图书馆的扩建），这些建筑像在城市里一样相互联系，成为镇中心的一部分。它们既是该镇建设初步阶段的一部分，也是镇中心改建更大计划的一部分，这是规划顾问们的责任，我们就在他们领导下工作。

市政厅：市政厅的总体比例与一座罗马神庙的相像，也因为它是一栋四面临空的建筑。但是——与希腊神庙不同——它是一座导向性的建筑，其正面比背面更为重要。在这座市政厅中与神庙的底座、大柱、门廊上山尖相对应的是部分脱开的正面墙和重叠于三层楼墙外的大拱洞。我喜欢沙利文后期在中西部城市主要街道上建造的小而重要的某些银行建筑，具有形象化的、统一的和纪念性尺度的大圆拱。市政厅的正面在大小和尺度上的变化也与西部城市的假立面相似，都是为了同一个原因：承认城市街道的空间要求。但这座建筑同时有两个背景。这座重要的小型建筑沿大街坐落之外，它还坐落在大街对面中央广场长轴的尽端。再者，从大街看，建筑正好建在地上，能见到底层是一个完整的底座；但是，从低于大街的广场看，由于它前面所临街道的高度和深度与形成另一底座的斜坡踏步的遮挡，从透视中见不到底层。就这点说，立面上的大拱像是直接从一个不同而尺度较大的底座上升起的。同是一栋建筑，在不同的环境中，可以不同方式来解读。

这座建筑的正背面在尺度和性格之间的矛盾，来自特殊的内部设计要求和外部城市环境。一座市政厅通常有两个方面的设计要求：一方面是市长和议会对纪念性空间的要求，另一方面是行政部门对常规办公室的要求。一般明确地把前者表现为一座华美的楼房，后者为一座板式办公楼，两者相连即成。这种构图是根据"瑞士学生宿舍"或巴黎"救世军宿舍"而来。（另一种形式的构图是以柯布西耶的拉土雷特修道院为基础，

这种构图看来不够完美，但基本上是封闭的。）但这一小镇市政厅方案，为了尺度和经济，把两种空间纳入相对简单的体积内。（市长说，他需要"一栋切合实际的方形砖石建筑"。）在前部的纪念性的和较为礼仪性的房间是独特和安静的——随着小镇的成长只会添加少数参议员，市长也至多只有一人——小规模的，但后部相对广泛而灵活的办公室可加以扩展：你可以在背面加建。这是一座可对背面进行修整的建筑，因为官僚机构人员总是在不断扩充，前后之间的中间地带是垂直交通区和服务设施。第一层的后部是治安设施，前部是主要入口。我们设想公众日后将不常出入于市政厅，所以没有缴费处和问询处放在首层。后面不断出现的小窗户和侧面较高的扶壁支撑的正立面进一步反映内部功能的多样。结构是混凝土承重墙，分成平行与垂直两区，分别架以混凝土小梁。后区中间有一混凝土柱，有利于加强承重墙中的灵活性。准备设置的宽大走道或廊子适合于作具有更广公共用途的办公区。因为承重墙是混凝土的，洞口可以开得很大。表面材料是深色砖，与镇中心原有的大工厂类似，但并不协调。但是，正面的屏墙，面贴极薄的大理石板，加重了正背面之间的对比。在正面，还把大拱洞与后墙上较小的小窗户并列在三层议会厅的同一平面上。这里的窗户与大尺度的正面屏墙互相配合：它是一块28ft × 30ft（8.5m × 9.14m）的大玻璃。大旗与街道垂直，使得从街上望上去像一个商业符号。

青年会：这座建筑的设计几乎完全遵从了对这般大小的青年会的室内要求既传统，又十分明确且复杂的建议。我们的改变包括了体育用房在后、社交用房在前的分区，大更衣室地下层以上的立面，以及沿建筑长向坡地、后面停车场方向入口、背面预留商店用地方向入口以及前面广场方向入口的需求所产生的某些特点，但对广场沿边及原有显著突出的工厂对面的建筑来说，其位置对建筑外部形式影响最大。

这座建筑的尺度必须大些以衬托对面的工厂且不被它压倒。这一要求由建筑立面的构件的大小、数量和它们之间的关

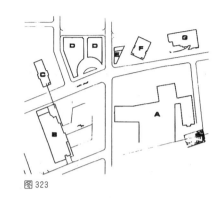

图323

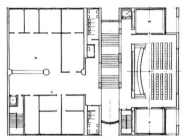

图324

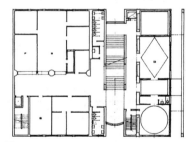

图325

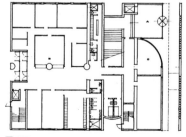

图326

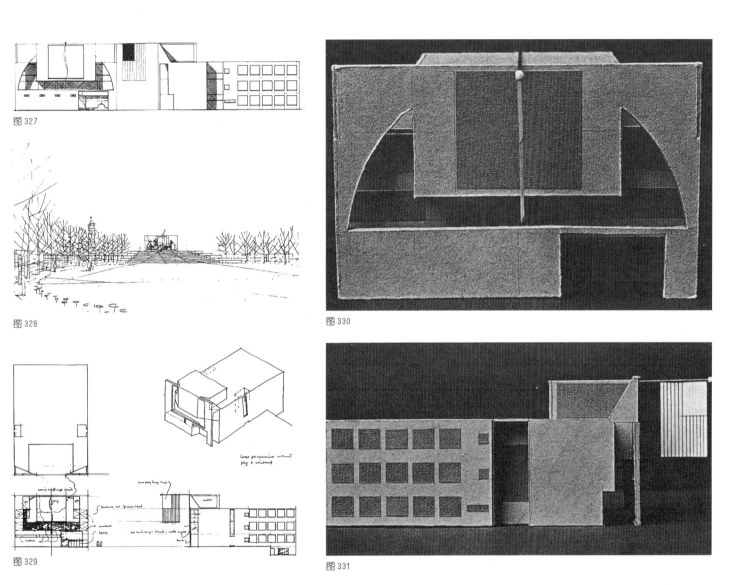

图 327

图 328

图 329

图 330

图 331

系来完成。墙上洞口少而大以增大尺度。洞口作为立面上突出的构件，其相互之间的关系形成相对固定的韵律，不聚焦中心或强调尽端。这种特点还使建筑具有较大的统一性和尺度感。整个构图没有首、中、尾三部曲，而是用不变甚至恼人的韵律一气呵成。这样就能与对面总体较大，个别部件较小的工厂相抗衡。它恰当地成为广场另一边小市政厅的附属建筑。正立面像市政厅的一样是"假的"——一面独立墙体——与室内空间关系是矛盾的。方形洞口几乎不变的韵律，与后面两层主体建筑较小、更不规则的韵律形成了对比。一种对位并列，使假立面的"无趣"与后立面反映内部偶然复杂的"紊乱"形成对比。前面这堵墙左边在建筑与广场之间形成一个缓冲带，冬天可以溜冰，右边有一座带壁炉的壁龛。它成为一面挡土墙，同时也成为一面大斜坡，它的轴线直对大街上原有的教堂。结构是混凝土承重墙，可以开密集的大洞口——当然，这是半框架结构。深色面砖与原有工厂配合，并加强广场和小镇中心的统一。

图书馆扩建：室内要求几乎完全是常规的。我们的方法是外包而不是加建。在原有浅黄色砖房的后面和北面加上新的室内空间。正面新建了一道脱开的墙体，并利用剩余的空间形成一个内院。老建筑四面被包围，但为了节省开支，作了最少量的改动。外包墙用大尺度的深色砖材料，加强了大街的统一。通过正面外墙的大格子洞口，可以窥见里面较老且颜色较浅的小尺度建筑而使老建筑得到尊重。近看，新建筑并列在老建筑上面。

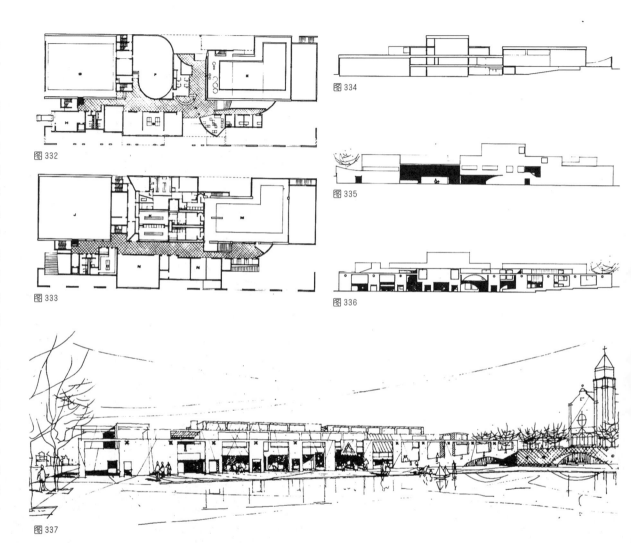

图 332

图 333

图 334

图 335

图 336

图 337

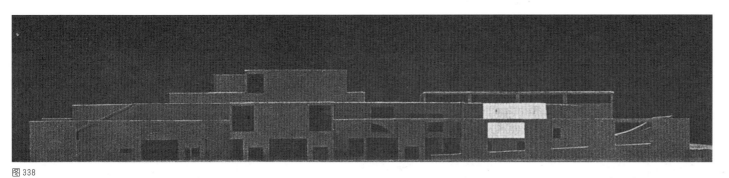

图 338

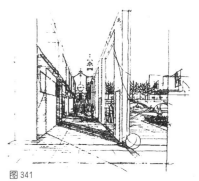

图 341

图 339

图 340

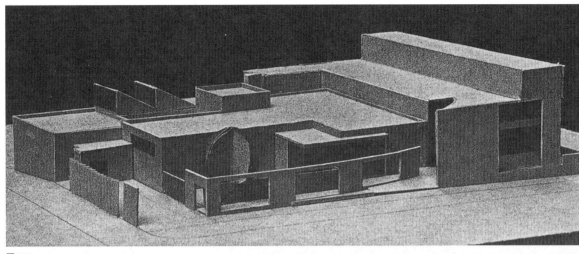

图 342

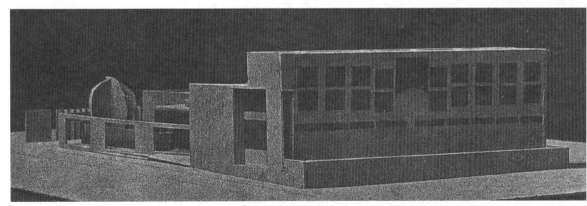

图 343

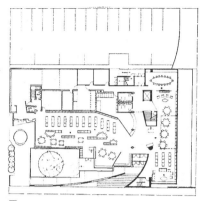

图 344

图 345

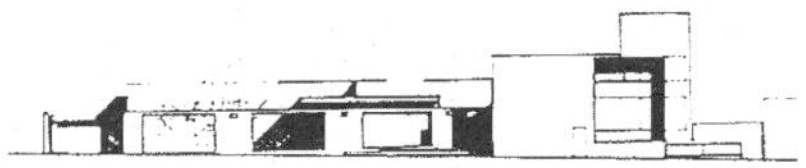

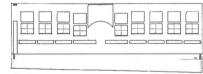

图 346

图 347

128

12. 波士顿科普利广场设计竞赛，文丘里-洛奇事务所，热罗·克拉克与阿瑟·约翰斯，1966 年。（图348～图350）

对美国城市中一个大而开敞的空间来说，波士顿的科普利广场有多方面的牵制——南面为旅馆，西临公共图书馆，西北角上有一座新的老南教堂(Old South Church)，北面有一排商业建筑。但西南敞开的一角则是亨廷顿大道的尽端，而三一教堂与科普利广场之间的东南角却是漏空的，因而减弱了围护感。朝东，空间模糊地被三一教堂所围，但三一教堂本身像是坐落在广场中而不是沿边，这些高度、韵律和尺度不同的建筑以及把它们从空间中心分离的街道，进一步减弱了原来广场空间的统一感。

竞赛规则限定设计范围在三条街道的内侧人行道和沿三一教堂西北一边的对角人行道之间。当然，我们不能改变，也无法期望四周任何不同的建筑的改变。

因此，我们设计的不是广场；我们通过填满空间来界定空间。

我们以松散的物体，即许多一律为方格形排列的树木填充广场。它们之间的距离太大，以致无法形成传统的小丛林，然而距离又太密，无法将其作为独立要素。当你步行其间，它们之间有足够间距使阳光射入，并以树阴遮挡教堂，(你要极费劲才能见到它的整个立面)。但从外部沿街看，它们是一个限定空间和识别场所的固定形式。但是，作为整体，它们的形式(不像我们在费城一个与之不同的环境中的喷水池设计)不是坐落在空间中的雕刻形式，因为若是那样，将与三一教堂发生冲突。这是一个全部为立体的、重复出现的、没有重点的图案，由路缘将其与四周环境隔开，并与整个构图中在重点这一层次上已很充分的三一教堂完全不同。在广场内"恼人的"、不变的方格形环境中，北面紊乱的建筑却成为构图生动"有趣"的构件了。

除镶拼的树木和高的灯柱外，还有低标高的、由步行道间4ft(1.22m)高的踏步形土墩形成的方格层次，这一方格是科普利广场四周波士顿部分的方格图案的微型反映，它模仿真实的城市中大、中、小各级街道。一如真的棋盘式城市，它有便于交通的对角"大道"，"大道"的并列造成特殊的残余街区。

在低标高的方格形街区内，由长椅、垃圾桶和排水沟形成的图案形式与树木和灯柱的方格形式相同。街道小品，如灯柱，由被新环境赋予新价值的传统要素构成。这些"普通"的要素不是专门设计的：它们只不过是精心挑选的结果。(这些铝制的灯柱可与纽黑文绿地周围美观奇特似为青铜制品而实为阳极氧化铝制品的灯柱相比较。)材料同样相当普通，除了长椅下方过分讲究的砖石区域，使普通的沥青走道和预制混凝土材料的阶状方块部件、檐沟和排水沟更为生动。在街区表面植有草坪，在这里，草坪可受到的损耗将是最小的。街区表面成排种植的花卉与街道接壤，在视觉上给人街道加宽了的感觉。在穿过街区的走道上，边墙上有混凝土浇注的粗体童谣等，以吸引因边墙阻挡无法看到街区的孩童。

方格形排列的树木、灯柱和街道小品与各级街道上的树木、灯柱和小品沿南北轴线并不一致。这些微小的不规则韵律不同于来自对角街道并列在棋盘式街道上的强烈的不规则，如我所说，它们在三角形、多角形的残余和片断街区中很明显。当然，因为这些对角的和靠边切角街区的对位并列，几乎没有标准或纯粹的街区留下。在这些街区中有两个是特殊的。一个断面相反，即地面下沉，与高起的标准街区相反，为了形成一块小广场，以便在里面坐息，与沿标准步道坐息完全不同。另一街区是平地，上放三一教堂的微型复制品。沿北面的片断街区，挖成凹龛在里面坐息，就更为特殊了。

这一例外对法则的细微或强烈的作用在方格中产生对立，这与使人厌烦的图案相矛盾。但这里还有尺度的作用，它在图案中产生一种纪念性以及不定性和对立性。这牵涉到大小和比例的特殊关系。大小不同的街道在方格上的并列构成大小不同但比例相似的街区，在方格图案中一大二小的绿树的结合，也形成大小不同但比例相同的构件之间的相似关系。(这一概念是正统的现代建筑师所强烈谴责的。因为他们坚持认为大小的改变意味着比例的改变，是反映形式和比例的唯一结构基础。另一方面，贾斯珀·约翰斯在他的绘画中却把传统比例的大、中、小号国旗并列在一起。）树种选择的出发点是这样的：长成的梧桐树，高约60ft（18.29m），与高25ft（7.62m）的长成的槐树，比例相似。最能生动体现这一想法的是三一教堂前用混凝土浇筑的一座三一教堂的复制品。

这座小复制品和棋盘式"街道"也是有道理的——已提到的会产生不定性、对立性、尺度和纪念性等原因除外；微型仿制是向人解释他所在的但又看不到全部的整体的一种方法。用这种方法保证个人在部分中了解全部，是为复杂的城市整体提供一种统一感。这种微型模仿同样包含一种生活形态的模仿。浓缩生活经验，使其更加生动，乃是戏剧的特点：孩子们玩过家家。大人表演垄断、专制。这一广场是城市交通和空间的模拟。小教堂则是孩子们的雕刻玩具。

戏剧的另一特点是现代建筑师设计的都市空间缺乏的选择和即兴活动的机会：为人们以不同的方式使用同一空间，包括没有明确设计目的其他使用方式。方格，无论是美国中西部的城市规划或乡村还是开罗或科尔多瓦（Cordova）的清真寺的带柱的内部，其形式和尺度都可以作即兴的和其他各种用途。在一座维多利亚的大厦中，使用显眼楼梯的方式也许要比坐息或穿行一个典型现代广场的方式还多。当形式明确地追随功能时，功能含蓄的机会就减少了。利用"正是方格"的科普利广场，比利用那些有趣的、敏感的、人情的广场，可能有更多的方式。更为重要的是有更多的方式去"看"它。它像一块图案复杂的方格花纹织物，远一点看全是重复的图案——当然，更远一点看，是一片模糊——但近看，它在图案、纹理、尺度和色彩上是错综复杂、变化多端、丰富多彩的。（在这一方格花纹的空间中，还增加了我曾提及的细微和强烈例外的一度空间。）这是一个焦点问题：当有人在构图中来回走动和穿行时，他能以不同的方式聚焦于不同的事物和关系上。有机会以不同

的方式看同一件事物，用新的眼光看旧的事物。因为没有一个单一不变的重点——例如一个喷水倒影池，也不是大教堂本身，当你在广场中和四周走动时也没有一个单一而静止的焦点。有机会得到多种焦点，或得到变化的焦点。这一设计的主要矛盾是恼人的图案相当有趣。

模糊和清晰焦点的强烈并列，来自关系的层次，它多少与总体有关或在复杂的构图中与总体的总体有关，这些变化的关系在复杂的总体中构成某些紧邻的内部关系明显不统一的各种复杂的统一。不是一切关系总是好的。我认为"有关系的"建筑应是现代建筑的第八根支柱，约翰逊也许已经作了相关的论述。像三一教堂和波士顿公共图书馆（Boston Public Library）这类建筑不一定必须以容易和明显的方式加以联系。并且它们不应该如此，因为它们的关系不能仅仅是紧邻广场的内部环境，而且应是靠近本身以外及其邻近的更大总体。我们的小方格，远看（像一块方格花纹图案）是一片模糊，因为它在焦点这一层次上一成不变：它并不总是在近看和细看时才与四周的精美建筑联系。理查森与麦金、米德和怀特并不欢迎那种直率的敬意。

出自我们对意大利城镇的无可非议的正确爱好，强迫认识广场却成为现代建筑的另一支柱。但开敞的广场，除了作为便于行人作对角穿行的捷径外，在今天的美国城市，它并不适合。广场实际上是"非美国式的"。美国人坐在广场中感到不舒服：他们喜欢在办公室工作或回家与家人一起看电视。做家庭杂务和周末开车兜风已取代了散步。传统的广场既是个人活动场所也是公众活动场所，然而比起散步，人群涌动的公共典礼对科普利广场而言，更是难以想象的活动。我们的广场因而不是一个容纳不存在人群的开敞空间［空广场只有早期的德基里科（de Chiricos）❶才令人感兴趣］而是使个人舒畅地在迷宫里

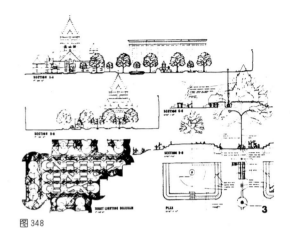

图 348

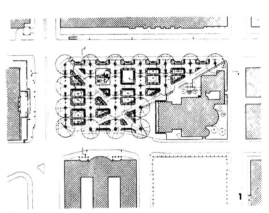

图 349

---

❶ 德基里科是意大利艺术家(1888～1978年)，1910年左右他绘制了一系列废弃的广场上梦幻般的设计图。——译者注

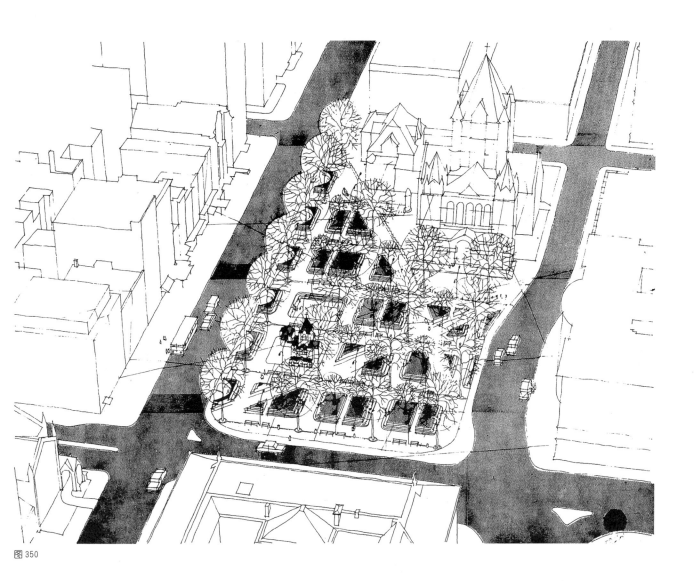

图 350

面散步和沿"街道"(而非在广场中)坐息的开敞空间。我们习惯于认为城市的开敞空间是非常宝贵的。这并不正确。也许除曼哈顿外，我们的城市有到处都是的停车场，有由城市改建计划造成的非暂时性无人地区，还有乱七八糟的郊区，它们都是开敞的空间。

注 释

1　T.S.Eliot：*Selected Essays*,1917—1932,Harcourt,Brace and Co.,
　　New York,1932；p.18.

2　*Ibid.*；pp.3—4.

3　Aldo van Eyck：in *Architectural Design* 12,vol.ⅩⅩⅩⅡ,December 1962；p.560.

4　Henry-Russell Hitchcock：in *Perspecta 6*,*The Yale Architectural Journal*,New Haven,1960；p.2.

5　*Ibid.*；p.3.

6　Robert L.Geddes：in *The Philadelphia Evening Bulletin*.February 2,1965；p.40.

7　Sir John Summerson：*Heavenly Mansions*,W.W.Norton and Co.,Inc,New York,1963；p.197

8　*Ibid.*；p.200.

9　David Jones：*Epoch and Artist*,Chilmark Press,Inc.,New York,1959；p.12.

10　Kenzo Tange：in *Documents of Modern Architecture*,Jürgen Joedicke,ed.,Universe Books,Inc.,New York,1961；p.170.

11　Frank LIoyd Wright；in *An American Architecture*,Edgar Kaufmann,ed.,Horizon Press,New York,1955；p.207.

12　Le Corbusier：*Towards a New Architecture*,The Architectural Press,London,1927；p.31.

13　Christopher Alexander：*Notes on The Synthesis of Form*,Harvard,University Press,Cambridge,1964；p.4.

14　August Heckscher：*The Public Happiness*,Atheneum Publishers,New York,1962；p.102.

15　Paul Rudolph：in *Perspecta 7*,*The Yale Architectural Journal*,New Haven,1961；p.51.

16　Kenneth Burke：*Permanence and Change*,Hermes Publications,Los Altos,1954；p.107.

17　Eliot,*op.cit.*；p.96.

18　T.S.Eliot：*Use of Poetry and Use of Criticism*,Harvard University Press,Cambridge,1933；p.146.

19　Eliot：*Selected Essays*,1917—1932,*op.cit.*；p.243.

20　*Ibid.*；p.98.

21　Cleanth Brooks：*The Well Wrought Urn*,Harcourt,Brace and world,Inc.,New York,1947；pp.212—214.

22　Stanley Edgar Hyman：*The Armed Vision*,Vintage Books,Inc.,New York,1955；p.237.

23　*Ibid.*；p.240.

24　William Empson：*Seven Types of Ambiguity*,Meridian Books,Inc.,New York,1955；p.174.

25　Hyman,*op.cit.*；p.238.

26　Brooks,*op.cit.*；p.81.

27　Wylie Sypher：*Four Stages of Renaissance Style*,Doubleday and Co.,Inc.,Garden City,1955；p.124.

28　Frank LIoyd Wright：*An Autobiography*,Duell,Sloan and Pearce,New York,1943；p.148.

29　Eliot：*Selected Essays*,1917—1932,*op.cit.*；p.185.

30　Brooks,*op.cit.*；p.7.

31　Burke,*op.cit.*；p.69.

32　Alan R.Solomon：*Jasper Johns*,The Jewish Museum,New York,1964；p.5.

33　James S.Ackerman：*The Architecture of Michelangelo*,A.Zwemmer,Ltd.,London,1961；p.139.

34　Siegfried Giedion：*Space, Time and Architecture*,Harvard University Press,Cambridge,1963；p.565.

35　Eliel Saarinen：*Search for Form*,Reinhold Publishing Corp.,New York,1948；p.254.

36　Van Eyck,*op.cit.*；p.602.

37　Frank LIoyd Wright：*Modern Architecture*,Princeton University Press,Princeton,1931.(front end paper)

38　Horatio Greenough：*in Roots of Contemporary American Architecture*,Lewis Mumford,ed.,Grove press,Inc.,New York,1959；p.37.

39　Henry David Thoreau：*Walden and other writings*,The Modern Library,Random House,New York,1940；p.42.

40　Louis H.Sullivan：*Kindergarten Chats*,Wittenborn,Schultz,Inc.,New York,1947；p.140.

41　*Ibid.*；p.43.

42　Le Corbusiet,*op.cit.*；p.11.

43　Gyorgy Kepes：*The New Landscape*,P.Theobald,Chicago,1956；p.326.

44　Van Eyck,*op.cit.*；p.600.

45　Heckscher,*op.cit.*；p.287.

46　Herbert A.Simon：in *Proceedings of the American Philosophical Society*,vol.106,no.6.December 12,1962；p.468.

47　Arthur Trystan Edwards：*Architectural Style*,Faber and Gwyer,London,1926；ch.Ⅲ.

48　Ackerman,*op.cit.*；p.138.

49　Fumihiko Maki：*Investigations in Collective Form*,Special Publication No.2,Washington University,St.Louis,1964；p.5.

50　Heckscher,*op.cit.*；p.289.

照片授权

1. ©Ezra Stoller Associates.
2. Alexandre Georges.
3. Heikki Havas, Helsinki.
4. Ugo Mulas, Milan.
5. The Museum of Modern Art.
6. ©Country Life.
7. Reproduced by permission of Roberto Pane from his book, *Bernini Architetto*, Neri Pozza Editore, Venice 1953.
8. From Walter F. Friedländer, "Das Casino Pius des Vierten," *Kunstgeschichtliche Forschwangen*, Band III, Leipzig 1912.
9. ©Country Life.
10. A. Cartoni, Rome.
11. Harry Holtzman.
12. The Museum of Modern Art.
13. Reproduced by permission of Penguin Books Ltd., Harmondsworth-Middlesex, from John Summerson, *Architecture in Britain, 1530-1830*, Baltimore 1958.
14. Reproduced by permission of Henry A. Millon from his book, *Baroque and Rococo Architecture*, George Braziller, New York 1965.
15. Reproduced by permission of Country Life Ltd., London, from A.S.G. Butler, *The Architecture of Sir Edwin Lutyens*, vol. I, 1935. ©Country Life.
16. ©Country Life.
17. From Leonardo Benevolo, "Saggio d'Interpretazione Storica del Sacro Bosco," *Quaderni dell' Istituto di Storia dell'Architettura*, NN. 7-9, Rome 1955.
18. ©Kerry Downes.
19. Reproduced by permission of Penguin Books Ltd., Harmondsworth-Middlesex, from Nikolaus Pevsner, *An Outline of European Architecture*, Baltimore 1960. Photo: Alinari-Anderson.
20. George C. Alikakos.
21. Reproduced by permission of Giulio Einaudi Editore, Turin, from Paolo Portoghesi and Bruno Zevi(editors), *Micbelangiolo Architetto*, 1964.
22. A.F. Kersting, London.
23. Cabinet des Estampes, Bibliothèque Nationale, Paris.
24. Reproduced by permission of Penguin Books Ltd., Harmondsworth-Middlesex, from Rudolf Wittkower, *Art and Architecture in Italy, 1600-1750*, Baltimore 1958.
25. Reproduced by permission of Electa Editrice, Milan, from Maria Venturi Perotti, *Borromini*, 1951. Photo: Vescovo.
26. Reproduced by permission of Professor Eberhard Hempel from Rudolf Wittkower, *Art and Architecture in Italy, 1600-1750*, Penguin Books, Inc., Baltimore 1958.
27. Alinari.
28. Hirmer Fotoarchiv, Munich.
29. A.F. Kersting, London.
30. Reproduced by permission of A. Zwemmer Ltd., London, from Kerry Downes, *Hawksmoor*, 1959.
31. From Nikolaus Pevsner, *An Outline of European Architecture*, Penguin Books Inc., Baltimore 1960.
32. Soprintendenza ai Monumenti, Turin. Photo: Nevi Benito.
33. Reproduced by permission of Arnoldo Mondadori Editore, Milan, from Giulio Carlo Argan (editor), *Borromini*, 1952.
34. Reproduced by permission of Penguin Books Ltd., Harmondsworth-Middlesex, from John Summerson, *Architecture in Britain, 1530-1830*, Baltimore 1958.
35. ©Trustees of Sir John Soane's Museum.
36. ©Trustees of Sir John Soane's Museum.
37. A.F. Kersting, London.
38. © Warburg Institute. Photo: Helmut Gernsheim.
39. © Warburg Institute. Photo: Helmut Gernsheim.
40. ©A.C.L., Brussels.
41. Courtesy Philadelphia Saving Fund Society.
42. Reproduced by permission of Herold Druck- und Verlagsgesellschaft M.B.H., Vienna, from Hans Sedlmayr, *Johann Bernhard Fischer von Erlach*, 1956.
43. Courtesy Leo Castelli Gallery.
44. Tatsuzo Sato, Tokyo.
45. Alinari-Anderson.
46. Reproduced by permission of Penguin Books Ltd., Harmondsworth-Middlesex, from Anthony Blunt, *Art and Architecture in France, 1500-1700*, Baltimore 1957.
47. Marshall Meyers.
48. From *Andrea Palladio*, Der Zirkel, Architektur-Verlag G.m.b.H., Berlin 1920.
49. The Metropolitan Museum of Art, Dick Fund, 1936.
50. MAS, Barcelona.
51. Bildarchiv Foto Marburg, Marburg/Lahn.
52. Courtesy Courtauld Institute of Art.
53. Alinari.
54. From James S. Ackerman, *The Architecture of Michelangelo*, A. Zwemmer Ltd., London 1961.
55. Reproduced by permission of Electa Editrice, Milan, from Maria Venturi Perotti, *Borromini*, 1951.
56. Reproduced by permission of Country Life Ltd., London, from Laurence Weaver, *Houses and Gardens by Sir Edwin Lutyens*, New York 1925. ©Country Life.
57. ©Country Life.
58. From Yvan Christ, *Projets et Divagations de Claude-Nicolas Ledoux, Architecte du Roi*, Editions du Minotaure, Paris 1961. Photo: Bibliothèque Nationale.
59. A.F. Kersting, London.
60. Alinari.
61. Foto Locchi, Florence.
62. Reproduced by permission of Roberto Pane from his book, *Ville Vesuviane del Settecento*, Edizioni Scientifiche Italiane, Naples 1959.
63. Reproduced by permission of Roberto Pane from his book, *Ville Vesuviane del Settecento*, Edizioni Scientifiche Italiane, Naples 1959.
64. From *Architectural Forum*, September 1962.
65. Reproduced by permission of Verlag Gerd Hatje, Stuttgart-Bad Cannstatt, from Le Corbusier, *Creation is a Patient Search*, Frederick A. Praeger, Inc., New York 1960.
66. Alinari.
67. Reproduced by permission of Carlo Bestetti-Edizioni d'Arte, Rome, from Giuseppe Mazzotti, *Venetian Villas*, 1957.
68. Jean Roubier, Paris.
69. Courtesy Louis I. Kahn.
70. ©Country Life.
71. Courtesy Mt. Vernon Ladies' Association.
72. William H. Short.
73. Reproduced by permission of The Macmillan Company, New York, from Elizabeth Stevenson, *Henry Adams*. ©1955 Elizabeth Stevenson.
74. ©Ezra Stoller Associates.
75. Robert Damora.
76. courtesy Alvar Aalto.
77. Reproduced by permission of Editions Girsberger, Zurich, from Le Corbusier, *Oeuvre complète 1946-1952*, 1955. ©1953.
78. Reproduced by permission of George Wittenborn, Inc., New

York, from Karl Fleig(editor), *Alvar Aalto*, 1963.

79. Courtesy Louis I. Kahn.
80. The Museum of Modern Art.
81. Hedrich-Blessing.
82. The Museum of Modern Art.
83. The Museum of Modern Art.
84. The Museum of Modern Art.
85. ©Ezra Stoller Associates.
86. Charles Brickbauer.
87. Courtesy Peter Blake.
88. Courtesy Peter Blake.
89. Courtesy Peter Blake.
90. ©Lucien Hervé, Paris.
91. James L. Dillon & Co., Inc., Philadelphia.
92. Touring Club Italiano, Milan.
93. A. F. Kersting, London.
94. Reproduced by permission of Giulio Einaudi Editore, Turin, from Paolo Portoghesi and Bruno Zevi(editors), *Michelangiolo Architetto*, 1964.
95. Reproduced by permission of Giulio Einaudi Editore, Turin, from Paolo Portoghesi and Bruno Zevi(editors), *Michelangiolo Architetto*, 1964.
96. University News Service, University of Virginia.
97. MAS, Barcelona.
98. Touring Club Italiano, Milan.
99. From Colen Campbell, *Vitruvius Britannicus*, vol, II, London 1717.
100. Collection: Mr. & Mrs. Burton Tremaine, Meriden, Conn.
101. Reproduced by permission of Penguin Books Ltd., Harmondsworth-Middlesex, from Kenneth John Conant, *Carolingian and Romanesque Architecture, 800–1200*, Baltimore 1959.
102. From George William Sheldon, *Artistic Country-Seats, Types of Recent American Villa and Cottage Architecture, with Instances of Country Clubhouses*, D. Appleton and Company, New York

1886.
103. Photo by Georgina Masson, author of *Italian Villas and Palaces*, Thames and Hudson, London 1959.
104. Photo by John Szarkowski, author of *The Idea of Louis Sullivan*, The University of Minnesota Press, Minneapolis. ©1956 The University of Minnesota.
105. Pix Inc.
106. Archivo Fotografico, Monumenti Musei e Gallerie Pontificie, Vatican City.
107. Reproduced by permission, from *Progressive Architecture*, April 1961.
108. Photo by Martin Hürlimann, author of *Englische Kathedralen*, Atlantis Verlag, Zurich 1956.
109. Courtesy Casa de Portugal. Photo: SNI-YAN.
110. Alinari.
111. Reproduced by permission of Giulio Einaudi Editore, Turin, from Paolo Portoghesi and Bruno Zevi(editors), *Michelangiolo Architetto*, 1964.
112. Chicago Architectural Photo Co.
113. Reproduced by permission of Country Life Ltd., London, from A. S. G. Butler, *The Architecture of Sir Edwin Lutyens*, vol. III, New York 1950. ©Country Life.
114. Reproduced by permission, from *Architectural Design*, December 1962.
115. Photo by Martin Hürlimann, author of *Italien*, Atlantis Verlag, Zurich 1959.
116. Bildarchiv Foto Marburg, Marburg/Lahn.
117. Jean Roubier, Paris.
118. Bildarchiv Foto Marburg, Marburg/Lahn.
119. MAS, Barcelona.
120. MAS, Barcelona.

121. Robert Venturi.
122. From Colin Campbell *Vitruvius Britannicus*, vol. III, London 1725.
123. Jean Roubier, Paris.
124. Gebrüder Metz, Tübingen.
125. ©Trustees of Sir John Soane's Museum.
126. Alinari.
127. Cunard Line.
128. Alinari.
129. Reproduced by permission of Giulio Einaudi Editore, Turin, from Paolo Portoghesi and Bruno Zevi(editors), *Michelangiolo Architetto*, 1964.
130. Photo by Martin Hürlimann, author of *Italien*, Atlantis Verlag, Zurich 1959.
131. Courtesy of Anton Schroll and Co., Vienna, publisher of Heinrich Decker, *Romanesque Art in Italy*, 1958.
132. Reproduced by permission of Verlag Gebr. Mann, Berlin, from H. Knackfuss, *Didyma*, part I, vol. III, 1940.
133. Reproduced by permission of Country Life Ltd., London, from A. S. G. Butler, *The Architecture of Sir Edwin Lutyens*, vol. I, 1935. ©Country Life.
134. The Museum of Modern Art.
135. MAS, Barcelona.
136. California Division of Highways.
137. Alinari.
138. Reproduced by permission of Harry N. Abrams, Inc., New York, from Henry A. Millon and Alfred Frazer, *Key Monuments of the History of Architecture*, 1964.
139. Reproduced by permission of Henry-Russell Hitchcock from his book *In the Nature of Materials*, Duell, Sloan & Pearce, New York 1942.
140. Archives Nationales, Paris.

141. Archives Nationales, Paris.
142. Touring Club Italiano, Milan.
143. ©Trustees of Sir John Soane's Museum.
144. Reproduced by permission of Architectural Book Publishing Co., Inc., New York, from W. Hegemann and E. Peets, *The American Vitruvius*. ©1922 Paul Wenzel and Maurice Krakow.
145. Reproduced by permission of Architectural Book Publishing Co., Inc., New York, from W. Hegemann and E. Peets, *The American Vitruvius*. ©1922 Paul Wenzel and Maurice Krakow.
146. J. B. Piranesi, *Vedute di Roma*, vol. 13. New York Public Library Art Room.
147. Reproduced by permission of Yale University Press, New Haven, from Vincent Scully, *The Shingle Style*, 1955.
148. Reproduced by permission of Architectural Book Publishing Co., Inc., New York, from Katharine Hooker and Myron Hunt, *Farmhouses and Small Provincial Buildings in Southern Italy*, 1925.
149. A. F. Kersting, London.
150. Alinari.
151. The Museum of Modern Art.
152. Theo Frey. Weiningen.
153. Reproduced by permission of George Wittenborn, Inc., New York, from Karl Fleig(editor), *Alvar Aalto*, 1963.
154. Reproduced by permission of Country Life Ltd., London, from H. Avray Tipping and Christopher Hussey, *English Homes, Period IV–Vol. II, The Work of Sir John Vanbrugh and His School, 1699–1736*, 1928. ©Country Life.
155. Reproduced by permission of Propyläen Verlag, Berlin, from Gustav Pauli, *Die Kunst des*

Klassizismus und der Romantik, 1925.

156. Alinari.
157. Abraham Guillén, Lima.
158. Archives Photographiques, Caisse Nationale des Monuments Historiques, Paris.
159. Robert Venturi.
160. Bildarchiv Foto Marburg, Marburg/Lahn.
161. ©Country Life.
162. Robert Venturi.
163. From Russell Sturgis, *A History of Architecture*, vol.I, The Baker & Taylor Company, New York 1906.
164. Reproduced by permission of Propyläen Verlag, Berlin, from Heinrich Schäfer and Walter Andrae, *Die Kunst des Alten Orients*, 1925.
165. Reproduced by permission of Penguin Books Ltd., Harmondsworth-Middlesex, from Rudolf Wittkower, *Art and Architecture in Italy, 1600–1750*, Baltimore 1958.
166. Pierre Devinoy, Paris.
167. Staatliche Graphische Sammlung, Munich.
168. Hirmer Verlag, Munich.
169. Reproduced by permission, from *L'Architettura*, June 1964.
170. Alinari.
171. ©Trustees of Sir John Soane's Museum.
172. Robert Venturi.
173. Robert Venturi.
174. The Museum of Modern Art.
175. ©Ezra Stoller Associates.
176. Ernest Nash, Fototeca Unione, Rome.
177. Reproduced by permission of Penguin Books Ltd., Harmondsworth-Middlesex, from Nikolaus Pevsner, *An Outline of European Architecture*, Baltimore 1960.
178. Reproduced by permission of Penguin Books Ltd., Harmonds-worth-Middlesex, from Nikolaus Pevsner, *An Outline of European Architecture*, Baltimore 1960.
179. Friedrich Hewicker, Kaltenkirchen.
180. Courtesy Prestel Verlag, Munich. Photo: Erich Müller.
181. Reproduced by permission of Giulio Einaudi Editore, Turin, from Paolo Portoghesi and Bruno Zevi(editors), *Michelangiolo Architetto*, 1964.
182. Reproduced by permission of Giulio Einaudi Editore, Turin, from Paolo Portoghesi and Bruno Zevi(editors), *Michelangiolo Architetto*, 1964.
183. Alinari-Anderson.
184. Reproduced by permission of Penguin Books Ltd., Harmondsworth-Middlesex, from G.H. Hamilton, *The Art and Architecture of Russia*, Baltimore 1954.
185. Reproduced by permission of Penguin Books Ltd., Harmondsworth-Middlesex, from George Kubler and Martin Soria, *Art and Architecture in Spain and Portugal and Their American Dominions, 1500–1800*, Baltimore 1959.
186. Reproduced by permission of Touring Club Italiano, Milan, from L.V. Bertanelli (editor), *Guida d'Italia, Lazio*, 1935.
187. Reproduced by permission of Alec Tiranti Ltd., London, from J.C. Shepherd and G.A. Jellicoe, *Italian Gardens of the Renaissance*, 1953.
188. Courtesy Louis I. Kahn.
189. Alinari.
190. Reproduced by permission of Rudolf Wittkower, from his book, *Art and Architecture in Italy, 1600–1750*, Penguin Books, Inc., Baltimore 1958.
191. Riccardo Moncalvo, Turin.
192. Heikki Havas, Helsinki.
193. Reproduced by permission of Arkady, Warsaw, from Maria and Kazimierz Piechotka, *Wooden Synagogues*, 1959.
194. Reproduced by permission of George Wittenborn, Inc., New York, from Karl Fleig(editor), *Alvar Aalto*, 1963.
195. G. Kleine-Tebbe, Bremen.
196. From *Architectural Forum*, February 1950.
197. From *Architectural Forum*, February 1950.
198. Reproduced by permission of The University of North Carolina Press, Chapel Hill, from Thomas Tileston Waterman, *The Mansions of Virginia, 1706–1776*, 1946. ©1945.
199. Robert Venturi.
200. Reproduced by permission of Herold Druck-und Verlagsgesellschaft M.B.H., Vienna, from Hans Sedlmayr, *Johann Bernhard Fischer von Erlach*, 1956.
201. Alinari.
202. From *Casabella*, no.217, 1957.
203. Reproduced by permission of Alec Tiranti Ltd., London, from J.C. Shepherd and G.A. Jellicoe, *Italian Gardens of the Renaissance*, 1953.
204. Touring Club Italiano, Milan.
205. The Museum of Modern Art.
206. Reproduced by permission of Penguin Books Ltd., Harmondsworth-Middlesex, from Nikolaus Pevsner, *An Outline of European Architecture*, Baltimore 1960.
207. Soprintendenza alle Gallerie, Florence.
208. Istituto Centrale del Restauro, Rome.
209. Collection: The Whitney Museum of American Art.
210. Courtesy André Emmerich Gallery.
211. Photo by John Szarkowski, author of *The Idea of Louis Sullivan*, The University of Minnesota Press, Minneapolis. ©1956 The University of Minnesota.
212. Soprintendenza alle Gallerie, Florence.
213. Hirmer Fotoarchiv, Munich.
214. Hirmer Fotoarchiv, Munich.
215. From Colen Campbell, *Vitruvius Britannicus*, vol.I, London 1715.
216. From John Woolfe and James Gandon, *Vitruvius Britannicus*, vol.V, London 1771.
217. Courtesy City Museum and Art Gallery, Birmingham.
218. Robert Venturi.
219. Robert Venturi.
220. Robert Venturi.
221. Robert Venturi.
222. Reproduced by permission of Electa Editrice, Milan, from *Palladio*, 1951.
223. H. Roger-Viollet, Paris.
224. Slide Collection, University of Pennsylvania.
225. From I.T. Frary, *Thomas Jefferson, Architect and Builder*, Garrett and Massie, Inc., Richmond 1939.
226. Robert Venturi.
227. From Colen Campbell, *Vitruvius Britannicus*, vols.I and III, London 1715 and 1725.
228. Reproduced by permission of Penguin Books Ltd., Harmondsworth-Middlesex, from Nikolaus Pevsner, *An Outline of European Architecture*, Baltimore 1960.
229. Bildarchiv Foto Marburg, Marburg/Lahn.
230. From Leonardo Benevolo, "Le Chiese Barocche Valsesiane," *Quaderni dell'Istituto di Storia dell'Architettura*, NN.22–24, Rome 1957.
231. ©Country Life.

232. The Museum of Modern Art.
233. Sheila Hicks.
234. Reproduced by permission of Connaissance des Arts, Paris, from Stephanie Faniel, *French Art of the 18th Century*, 1957.
235. Chicago Architectural Photo Co.
236. Bayerische Verwaltung der staatlichen Schlösser, Gärten und Seen, Munich.
237. Courtesy of Anton Schroll and Co., Vienna, from Heinrich Decker, *Romanesque Art in Italy*, 1958.
238. ©National Buildings Record, London.
239. Robert Venturi.
240. Reproduced by permission of A. Zwemmer Ltd., London, from Kerry Downes, *Hawksmoor*, 1959.
241. Reproduced by permission of Roberto Pane from his book *Ferdinando Fuga*, Edizioni Scientifiche Italiane, Naples 1961.
242. Italian State Tourist Office.
243. Reproduced by permission of Penguin Books Ltd., Harmondsworth-Middlesex, from Anthony Blunt, *Art and Architecture in France, 1500—1700*, Baltimore 1957.
244. Reproduced by permission of Architectural Book Publishing Co., Inc., New York, from Katharine Hooker and Myron Hunt, *Farmhouses and Small Provincial Buildings in Southern Italy*, 1925.
245. Wayne Andrews.
246. From "Bagnaia," *Quaderni dell' Istituto di Storia dell' Architettura*, N.17, Rome 1956.
247. Alinari.
248. Reproduced by permission, from *Architectural Design*, December 1962.
249. Reproduced by permission of Architectural Book Publishing Co., Inc., New York, from Katharine Hooker and Myron Hunt, *Farmhouses and Small Provincial Buildings in Southern Italy*, 1925.
250. From Archivo Amigos de Gaudí, Barcelona. Photo: Aleu.
251. Reproduced by permission of George Wittenborn, Inc., New York, from Karl Fleig (editor), *Alvar Aalto*, 1963.
252. George Cserna.
253. Wallace Litwin.
254. Office of Venturi and Rauch.
255. Office of Venturi and Rauch.
256. Office of Venturi and Rauch.
257. Office of Venturi and Rauch.
258. Office of Venturi and Rauch.
259. Office of Venturi and Rauch.
260. Leni Iselin.
261. Leni Iselin.
262. Leni Iselin.
263. Leni Iselin.
264. Edmund B. Gilchrist.
265. Office of Venturi and Rauch.
266. Office of Venturi and Rauch.
267. Office of Venturi and Rauch.
268. Office of Venturi and Rauch.
269. Office of Venturi and Rauch.
270. George Pohl.
271. George Pohl.
272. Office of Venturi and Rauch.
273. George Pohl.
274. George Pohl.
275. George Pohl.
276. George Pohl.
277. Rollin R. La France.
278. Office of Venturi and Rauch.
279. Office of Venturi and Rauch.
280. Office of Venturi and Rauch.
281. Office of Venturi and Rauch.
282. Office of Venturi and Rauch.
283. Office of Venturi and Rauch.
284. Office of Venturi and Rauch.
285. Lawrence S. Williams, Inc.
286. Lawrence S. Williams, Inc.
287. Lawrence S. Williams, Inc.
288. George Pohl.
289. Office of Venturi and Rauch.
290. Office of Venturi and Rauch.
291. Office of Venturi and Rauch.
292. George Pohl.
293. Office of Venturi and Rauch.
294. George Pohl.
295. Office of Venturi and Rauch.
296. Office of Venturi and Rauch.
297. Office of Venturi and Rauch.
298. Office of Venturi and Rauch.
299. Office of Venturi and Rauch.
300. Office of Venturi and Rauch.
301. William Watkins.
302. William Watkins.
303. William Watkins.
304. William Watkins.
305. Office of Venturi and Rauch.
306. Office of Venturi and Rauch.
307. Office of Venturi and Rauch.
308. Rollin R. La France.
309. George Pohl.
310. Rollin R. La France.
311. George Pohl.
312. George Pohl.
313. Rollin R. La France.
314. Rollin R. La France.
315. Rollin R. La France.
316. Rollin R. La France.
317. Office of Venturi and Rauch.
318. Office of Venturi and Rauch.
319. Office of Venturi and Rauch.
320. Rollin R. La France.
321. Rollin R. La France.
322. Rollin R. La France.
323. Office of Venturi and Rauch.
324. Office of Venturi and Rauch.
325. Office of Venturi and Rauch.
326. Office of Venturi and Rauch.
327. Office of Venturi and Rauch.
328. Office of Venturi and Rauch.
329. Office of Venturi and Rauch.
330. George Pohl.
331. George Pohl.
332. Office of Venturi and Rauch.
333. Office of Venturi and Rauch.
334. Office of Venturi and Rauch.
335. Office of Venturi and Rauch.
336. Office of Venturi and Rauch.
337. Office of Venturi and Rauch.
338. Office of Venturi and Rauch.
339. George Pohl.
340. George Pohl.
341. George Pohl.
342. Office of Venturi and Rauch.
343. Office of Venturi and Rauch.
344. Office of Venturi and Rauch.
345. Office of Venturi and Rauch.
346. George Pohl.
347. George Pohl.
348. Office of Venturi and Rauch.
349. Office of Venturi and Rauch.
350. Office of Venturi and Rauch.